建筑设计要素丛书

U0172331

绿色建筑

Green Building

韦　峰　陈伟莹　编著

中国建筑工业出版社

图书在版编目（CIP）数据

绿色建筑 = Green Building / 韦峰，陈伟莹编著
. —北京：中国建筑工业出版社，2022.9
（建筑设计要素丛书）
ISBN 978-7-112-27727-8

Ⅰ.①绿… Ⅱ.①韦… ②陈… Ⅲ.①生态建筑—建筑设计 Ⅳ.①TU201.5

中国版本图书馆CIP数据核字（2022）第144894号

责任编辑：唐　旭　吴　绫
文字编辑：李东禧　孙　硕
书籍设计：锋尚设计
责任校对：王　烨

建筑设计要素丛书

绿色建筑
Green Building
韦　峰　陈伟莹　编著

*

中国建筑工业出版社出版、发行（北京海淀三里河路9号）
各地新华书店、建筑书店经销
北京锋尚制版有限公司制版
北京中科印刷有限公司印刷

*

开本：787毫米×1092毫米　1/16　印张：16　字数：336千字
2022年9月第一版　2022年9月第一次印刷
定价：**59.00**元
ISBN 978-7-112-27727-8
　（39827）

◈ 总序

何为建筑？

何为建筑设计？

这些建筑的基本问题和思考，不同的建筑师有着不同的体会和答案。

就建筑形式和构成而言，建筑是由多个要素构成的空间实体，建筑设计就是对相关要素的组合，所谓设计能力亦是对建筑要素的组合能力。

那么，何为建筑要素？

建筑要素是个大的范畴和体系，有主从之分和相互交叉。本丛书结合已建成的优秀案例，选取九个要素，即建筑中庭、建筑入口、建筑庭院、建筑外墙、建筑细部、建筑楼梯、外部环境、绿色建筑和自然要素，图文并茂地进行分析、总结，意在论述各要素的形成、类型、特点和方法，从设计要素方面切入设计过程，给建筑学以及相关专业的学生在高年级学习和毕业设计时作为参考书，成为设计人员的设计资料。

我们在教学和设计实践中往往遇到类似的问题，如有一个好的想法或构思，但方案继续深化，就会遇到诸如"外墙如何开窗？入口形态和建筑细部如何处理？建筑与外部环境如何融合？建筑中庭或庭院在功能和形式上如何组织？"等具体的设计问题；再如，一年级学生在建筑初步中所做的空间构成，非常丰富而富有想象力，但到了高年级，一结合功能、环境和具体的设计要求就会显得无所适从，不少同学就会出现一强调功能就是矩形平面，一讲造型丰富就用曲线这样的极端现象。本丛书就像一本"字典"，对不同要素的建筑"语言"进行了总结和展示，可启发设计者的灵感，犹如一把实用的小刀，帮助建筑设计师游刃有余地处理建筑设计中各要素之间的关联，更好地完成建筑设计创作，亦是笔者最开心的事。

经过40多年来的改革开放，中国取得了举世瞩目的建设成就，涌现出大量具有时代特色的建筑作品，也从侧面反映了当代建筑教育的发展。从20世纪80年代的十几所院校到如今的300多所，我国培养了一批批建筑设计人才，成为设计、管理、教育等各行业的专业骨干。从建筑教育而言，国内高校大多采用类型的教学方法，即在专业课建筑设计教学中，从二年级到毕业设计，通过不同的类型，从小到大，由易至难，从不同类型的特殊性中学习建筑的共性，即建筑设计的理论和方法，这是专业教育的主线。而建筑初步、建筑历史、建筑结构、建筑构造、城乡规划和美术等课程作为基础课和辅线，完成对建筑师的共同塑造。虽然在进入21世纪后，各高校都在进行教学改革，致力于宽基础、强专业的执业建筑师培养，各具特色，但类型的设计本质上仍未改变。

本书中所研究的建筑要素，就是建筑不同类型中的共性，有助于专业人士在建筑教学过程中和设计实践中不断地总结并提高认识，在设计手法和方法上融会贯通，不断与时俱进。

这就是建筑要素的重要性所在，两年前郑州大学建筑学院顾馥保教授提出了编写本丛书的构想并指导了丛书的编写工作。顾老师1956年毕业于南京工学院建筑学专业（现东南大学），先后在天津大学、郑州大学任教，几十年的建筑教育和创作经历，成果颇丰。郑州大学建筑学院组织学院及省内外高校教师，多次讨论选题和编写提纲，各分册以1/3理论、2/3案例分析组成，共同完成丛书的编写工作。本丛书的成果不仅是对建筑教学和建筑创作的总结，亦是从建筑的基本要素、基本理论、基本手法等方面对建筑设计基本问题的回归和设计方法的提升，其中大量新建筑、新观念、新手法的介绍，也从一个侧面反映了国内外建筑创作的发展和进步。本书将这些内容都及时地梳理和总结，以期对建筑教学和创作水平的提升有所帮助。这亦是本丛书的特点和目标。

谨此为序。在此感谢参与丛书编写的老师们的工作和努力，感谢中国建筑出版传媒有限公司（中国建筑工业出版社）胡永旭副总编辑、唐旭主任、吴绫副主任对本丛书的支持和帮助！感谢李东禧编审、孙硕编辑、陈畅编辑的辛苦工作！也恳请专家和广大读者批评、斧正。

郑东军
2021年10月26日
于郑州大学建筑学院

◈ 前言

　　绿色建筑是当今建筑领域的主要议题，它涵盖了建筑领域涉及的各个方面。建筑学专业学生和从业人员有责任树立节约能源的意识，积极了解和掌握绿色建筑的设计方法，并将其转化为创造高品质空间和舒适人居环境的能力。

　　要素是组成系统的基本单元，是系统产生、变化、发展的动因。本书从要素角度探索绿色建筑的设计策略，在认知绿色建筑内涵和影响因素的基础上阐述构成绿色建筑各个要素的设计手法和技术手段，并通过实例分析便于读者理解和运用。

　　本书内容主要包括四大部分：第1章概述部分包含绿色建筑的产生原因、概念、影响因素，以及绿色建筑要素的基本阐述；第2章从场地的选址布局和景观环境两大方面阐述绿色设计要素对微观外部环境的影响和改善；第3章从建筑角度分析影响绿色建筑设计的各个独立要素，分为通风与防风、采光与遮光、得热与隔热、雨水收集、立体绿化、可再生能源、传声与隔声、绿色建材，详细阐述各要素的设计对策及其相关技术要点；第4章选取本书作者主持设计的两个典型获奖案例进行设计要素的综合解析。

　　本书图文并茂，采用理论研究和实践案例结合的方式进行阐述，可以作为建筑学及相关专业在校学生学习和研究绿色建筑设计的参考书籍，也可以作为设计院所、地产开发机构、策划咨询机构等相关专业人员进行绿色建筑设计、研发、建设的参考资料。

目录

3 建筑设计绿色要素

4 案例分析

1
概述

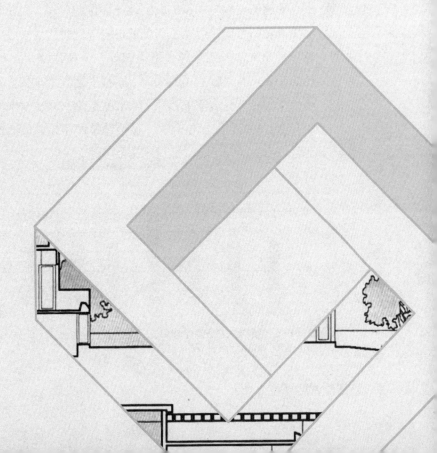

1.1 绿色可持续之路

2021年1月，中国国家主席习近平在世界经济论坛"达沃斯议程"对话会致辞中指出，"中国将全面落实联合国2030年可持续发展议程。中国将加强生态文明建设，加快调整优化产业结构、能源结构，倡导绿色低碳的生产生活方式。中国力争于2030年前二氧化碳排放达到峰值、2060年前实现碳中和。"这也是习主席第七次在重大国际场合就碳达峰和碳中和问题发表重要讲话，充分表达了我们对于保护人类共同家园、实现可持续发展作出贡献的决心。

可见，作为能源消费和碳排放主力的建筑行业的低碳生态和可持续发展是现代社会发展的必然趋势。然而为求得人类与赖以生存的资源和环境的和谐共处并不算是一个新鲜的话题，绿色建筑的思潮最早起源于20世纪70年代的两次世界性的能源危机，石油恐慌带来了建筑界的节能设计运动，引发了一系列生态建筑、风土建筑的热潮和建筑全生命周期、生物多样性设计等环保设计理念的发展。

1980年后，自然资源的无节制开发和利用造成不可再生能源的枯竭，酸雨、空气污染、热带雨林破坏、河川湖泊死亡等触目惊心的新闻不绝于耳，生态环境的理念进一步扩大到地球环保的尺度。同时经济全球化加速了地球环境风险的恶化，造就了环境危机全球化时代的来临。而建筑产业对环境的破坏是超乎常人想象的，根据统计，全球建筑相关产业占据了地球能源消耗的50%、水资源消耗的50%、原材料消耗的40%、农地损失的80%，同时产生了占比50%的空气污染、42%的温室气体、50%的水污染、48%的固体废弃物、50%的氟氯化合物，显然建筑产业是造成地球环境危机的主角之一（图1-1-1）。

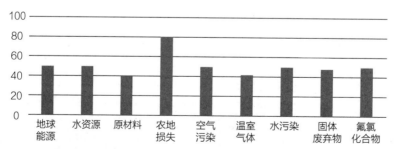

图1-1-1　建筑相关产业消耗地球能源状况（单位：%）
（图片来源：李以翔　绘制）

城市的无限制增长带来了居住环境的急速恶化，人口过度集中、交通拥堵、建筑物通风不良、节能设计不当等诸多方面，造成大量的能源浪费、城市热岛效应和全球气候变暖，上述种种问题都在不断加剧人类聚居的生存环境危机。

1992年，巴西里约热内卢的世界环境与发展大会通过了体现可持续发展思想的两个重要纲领——《环境与发展宣言》和《21世纪议程》，标志着人类对可持续发展问题的深刻认识和全球性政策制定上的共识已经达成，对人类的可持续发展具有里程碑意义。与会中，各国首脑承诺要开拓道路寻求发展，"既能满足当前需要，又不损害未来世代满足其需求的能力"。这一宣言的原则推荐了一个整体的、创造性地保证可持续发展的方法，其措施的目的在于与贫穷作战、控制人口增长、促进健康、调节当前的消费生活风格并且促进在发展中国家能够生存的城市模式，将环境的观点综合到决策过程中去。1996年联合国在伊斯坦布尔召开的第二届人居环境大会中签署了"人居环境议程"，呼吁全世界针对当今城市危机研讨对策。

随着能源需求的不断增长，仅靠单一的节能措施已经很难满足巨幅的需求量，而建筑能耗又是目前人类生活中能源消耗的主体。根据《2020全球建筑现状报告》，2019年源自建筑运营和建筑建造行业的碳排放占全球与能源相关的二氧化碳排放总量的38%（图1-1-2）。

进入21世纪后，可持续和绿色建筑在理念方法建构、技术研发应用、示范项目实践、评估标准建设、政策法规激励、宣传推广培训等各方面日趋完善，人们也越来越清晰地认识到，走可持续建筑之路才是当今建筑的生存之道。

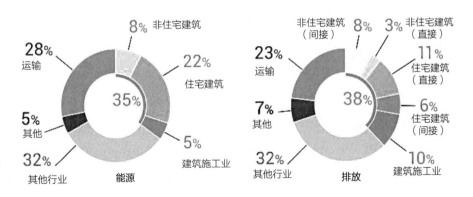

注：建筑施工业是指整体工业中用于制造建筑材料（如钢材、水泥和玻璃）的部分（估计）。间接排放是指电力和商业热能产生的排放。
来源：（国际能源署 2020d；国际能源署 2020b），保留所有权利，来自《国际能源署世界能源统计与平衡》和《能源技术展望》。

图1-1-2　2019年建筑部门最终能源消耗量与碳排放的全球份额比
（图片来源：《2020全球建筑现状报告》）

1.2　绿色建筑概念

毋庸置疑，可持续是当今建筑领域的主要议题之一，它涵盖了建筑综合领域涉及的各个方面。对于可持续建筑有许多相关的名称，从早期的"低能耗建筑""零能耗建筑"到"能效建筑""能源友好建筑"和"环境友好建筑"，以及日本称为的"环境共生建筑"、欧美国家的"生态建筑"、我国台湾省的"永续建筑"等。由于"绿色"用语在国际已经成为地球环保的代名词，许多"绿色消费""绿色生活"的词汇已经成为广大民众的时髦用语，因此大多数国家引用"绿色建筑"作为生态、环保、可持续、环境共生建筑的通称。我们在朝着这个目标努力之前必须弄清楚它的具体内涵和定义。

目前"绿色建筑"综合考虑了能源、健康、舒适问题以及生态因素。根据住房和城乡建设部颁布的《绿色建筑评价标准》GB/T 50376-2019中的定义：绿色建筑是指"在全寿命期内，节约资源、保护环境、减少污染，为人们提供健康、适用、高效的使用空间，最大限度地实现人与自然和谐共生的高质量建筑。"

对于该定义，可以从以下五个方面理解：一、绿色建筑应体现在建筑全寿命周期内的各个时段，包括规划设计、建材与建筑部品的生产加工与运输、建筑施工安装、建筑运营直至建筑寿命终结后的处置和再利用；二、绿色建筑应该是节约资源和能源的建筑；三、绿色建筑应该是环境友好的建筑；四、绿色建筑作为为人服务的生活和生产设施，应是充分考虑人的健康、适用需求的建筑；五、绿色建筑应该是与自然和谐的建筑。

关于绿色建筑以及各个相近概念，虽然在研究切入点上存在差异，但其本质和追求的目标是相通的，都是在保证使用者健康舒适的前提下，力求通过设计和技术手段实现资源节约、保护环境和减少污染，创造环境友好型的人居环境。

1.3　绿色建筑的影响因素

1.3.1　建筑气候要素

《中国大百科全书》中定义："气候是指地球上某一地区多年的天气和大气活动的综合状况。它不仅包括各种气候要素的多年平均值，而且包括其极值、变差和频率等。"气候具有长时间尺度统计的稳定性和地理空间变化上地域性的时空特征。

建筑是人类在与大自然不断抗争的过程中发展出的智慧产物，从它出现的第一天起就无法与气候割裂开。气候是生存和生产活动的重要环境条件，特定地区的气候条件也是建筑形态特征形成的决定因素。气候不仅造就了特定地域自然环境本身的特殊性，如地表肌理、植被分布、土壤成分等，还是该地域文化特征及人类行为习惯特征的重要成因，而这两者正是决定建筑形态特征的最重要因素，因而可以说"气候造就了建筑"。正如英国建筑师厄斯金所说："没有气候问题，人类就不需要建筑了。"

气候环境观古而有之，气候与人类的自身发展过程是紧密联系在一起的。在西方，古希腊著名的天文学家和地理学家托勒密就将世界从赤道到北极划分为24个气候带。

气候环境观注重人与自然的有机联系和交互感应，体现在聚落选址、建筑体系、基地控制和构造处理等诸多方面。古希腊时期的学者运用朴素的气候科学思想分析气候形成与太阳的关系，并注重在城镇布局上与气候协调，就连希腊建筑中惯常使用的外围柱廊也可以看作适应气候的体现（图1-3-1）。

与建筑设计相关的气候要素有太阳辐射、空气温度、空气湿度、气压与风、凝结与降水等（图1-3-2）。太阳辐射是建筑外部的主要热源，通过对建筑外墙和室内直射带来热量；空气温度和湿度是建筑保温、防热、采暖、通风和空调热工设计的计算依据；空气运动的风向和风速影响建筑群布局和建筑的自然通风组织；凝结和降水影响建筑造型和排水以及围护结构表面结露、内部凝结和保温材料的设置等。

工业革命以后，随着城市人口激增、建筑规模扩大和城市环境压力增大，城市与郊区的气候差异越来越明显。人们开始关注城市气候的变化规

图1-3-1 伊瑞克提翁神庙
（图片来源：网络）

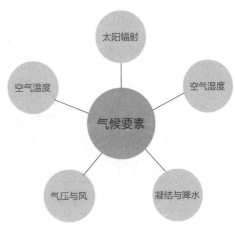

图1-3-2 建筑气候要素
（图片来源：自绘）

律，对于如何利用气候条件化解环境危机进行重点研究。随着人类生态意识的增强和可持续发展科学理解的深入，人们的关注点也从以往局限于以住屋为代表的地方建筑形式和构造上转向极端气候条件对城市空间环境的影响上。

1.3.2　气候设计策略

气候一直是建筑师所关心的设计要素，古代西方的学者在建筑与城市规划中早已注意到建筑与气候的紧密联系。从维特鲁威到阿尔伯蒂，都在论著中采用了大量篇幅阐述了建筑基地选址与城市规划的原则、气候与住宅形式的关系、建筑微气候以及材料等问题。帕拉第奥也指出，由于湿度、风及日光反射造成过热，所以不宜在山谷中修建房屋。

基于气候的设计是一种设计策略，目的是利用气候对基址的有利之处，同时使气候对舒适度不利的影响最小化，或是减少建筑本身的能量需求，是利用气候特征所有优势的设计和建筑系统。

1．现代主义建筑的自然观

在20世纪初现代主义建筑大师的作品中，可以明显地看到他们对于自然的理解和尊重，以及对于气候与城市和建筑形式关系的重视。

赖特"视自然为上帝"，他认为建筑应像从土地上自然生长出来的一样，建筑与自然界是整体统一的系统。在他设计的一系列"草原式住宅"中倡导引入自然的阳光和空气，采用自然通风，反对使用空调（图1-3-3）；在西塔里埃森的设计中充分考虑建筑遮阳和防止风沙，大量运用当地原产的建筑石材和木材（图1-3-4）。

图1-3-3　Martin House
（图片来源：网络）

格罗皮乌斯认为气候是设计基本概念中的首要因素："如果建筑师把完全不同的室内、室外关系作为设计构思的核心问题加以应用，那么只要抓住气候条件影响建筑设计而造成的基本区别……就可以获得表现手法的多样性……"他的设计均以气候和太阳角度作为设计的原则之一。

柯布西耶很重视风和太阳辐射对于城市规划的影响，他在雅典国际新建筑会议上提出："按照次序与层次区分，城市规划的诸要素为阳光、空间、绿化、钢材与混凝土。"他从地域传统建筑中发掘应对气候影响的建筑语汇，如由格构架、深凹窗洞、混凝土花格构成的马赛公寓的"遮阳立面系统"（图1-3-5）。

图1-3-4 Taliesin West
（图片来源：网络）

图1-3-5 马赛公寓
（图片来源：网络）

2．遵循地域气候的设计倾向

对于建筑和城市设计而言，遵从地域气候的设计是体现建筑真实性和多样化的源泉。大到城市整体规划，小到城市外部空间设计、建筑设计，甚至是街道广场的细部，如果从创造宜人的小气候环境角度出发，就会产生适合自然环境的完美设计。结合地域气候特点，建筑师们贡献出了大量优秀作品。

查尔斯·柯里亚提出"形式追随气候"，从传统建筑的形式和建造技术中提取经验，总结出与印度气候相对应的露天空间、遮阳棚架等建筑空间模式。其中，"管式住宅"是代表柯里亚设计思想最重要的作品之一，它通过合理的剖面设计，利用斜坡屋顶引导热空气上升后从顶部通风口排出，再吸入新鲜空气，组织持续的自然通风来调节室内温度（图1-3-6）。

柯里亚之后设计的帕雷克住宅对"管式住宅"的剖面进行了调整，为了避免东西向不利因素的影响，建筑平面被设计成东西狭长的矩形，沿南北向被设计成三个平行开间。冬季剖面呈"倒金字塔"形,室内空间向天空开敞,最大限度地接收阳光;夏季剖面呈"金字塔"形,尽可能减少建筑室内空间与外界的热交换,提供较为凉爽的室内活动空间(图1-3-7)。

埃及建筑师哈桑·法赛毕生都致力于为贫穷人民设计住宅,特别关注传统材料的应用,尤其是利用泥砖建造房屋的技术(图1-3-8)。由于尼罗河两岸缺少良好的木材,埃及人在古王国时期已经开始利用棕榈木、芦苇、纸草、黏土和土坯建造房屋。泥砖制作方便,价格低廉,是埃及乡村最为常用的建筑材料。

他在新古尔那村的建设中以最低的耗费创造最生态的环境,利用厚厚的砖墙、传统的院落、拱顶和穹顶的造型、屋顶的开敞式外廊等设计手法实现

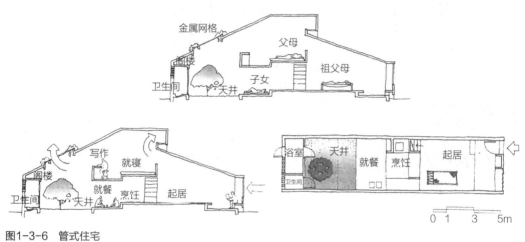

图1-3-6 管式住宅
(图片来源:《查尔斯·柯里亚》)

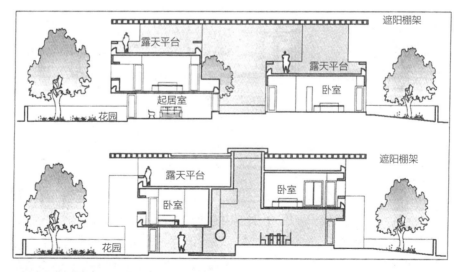

图1-3-7 帕雷克驻扎的冬季剖面(上)与夏季剖面(下)
(图片来源:《查尔斯·柯里亚》)

建筑的被动降温（图1-3-9）。

杨经文从生物气候学角度研究其在热带高层建筑中的运用，他认为"生态设计实际上就是一种生物的融合，我们人类所建筑的环境应该和自然的环境进行一种无缝的融合。"

在他的经典作品梅纳拉大厦中摒弃了普通办公建筑采用的玻璃幕墙，诠释了一种新的建筑语言，在内部和外部采取了双气候的处理手法，使之成为适应热带气候环境的低耗能建筑，展示了作为复杂的气候"过滤器"的写字楼独特的风格（图1-3-10）。它将部分结构置于立面之外，将"竖直景观设计"引入立面与空中中庭中，并沿建筑中心区域形成了螺旋形的交错式空间花园，创造了一个遮阳且富含氧的环境。

图1-3-8　泥砖制作技术
（图片来源：网络）

图1-3-9　新古尔那村典型住宅
（图片来源：网络）

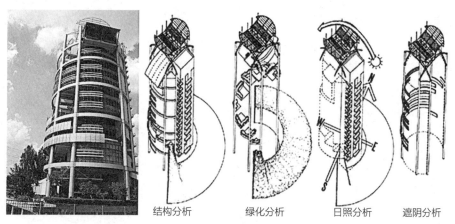

结构分析　　　绿化分析　　　日照分析　　　遮阴分析

图1-3-10　梅纳拉大厦
（图片来源：网络）

建筑的主要办公空间被置于楼体中心，在不同层位设凹入空间，造成阴影，遮阳挡雨，附带阳台并设有落地玻璃推拉门以调节自然通风量。受日晒较多的东、西朝向的窗户都装有铝合金遮阳百叶，而南北向采用镀膜玻璃窗以获取良好的自然通风和柔和的光线。遮阳顶由钢和铝合金构成的棚架遮盖着，屋顶上装有可调的遮阳板，并设置有屋顶游泳池。

1.4　绿色建筑要素

要素是指构成一个客观事物的存在并维持其运动的必要最小单位，是构成事物必不可少的现象，又是组成系统的基本单元，是系统产生、变化、发展的动因。

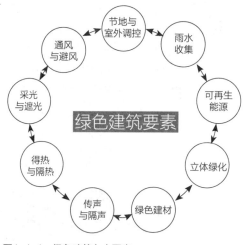

图1-4-1　绿色建筑九大要素
（图片来源：自绘）

绿色建筑设计的基本要素主要包括建筑的节地与室外调控、通风与避风、采光与遮光、得热与隔热、雨水收集、立体绿化、可再生能源、传声与隔声、绿色建材等九大要素（图1-4-1）。这些要素彼此关联又相互制约，只有处理好整体与各要素之间的关系才能真正创造出舒适、健康的工作和人居环境。

2

场地设计绿色要素

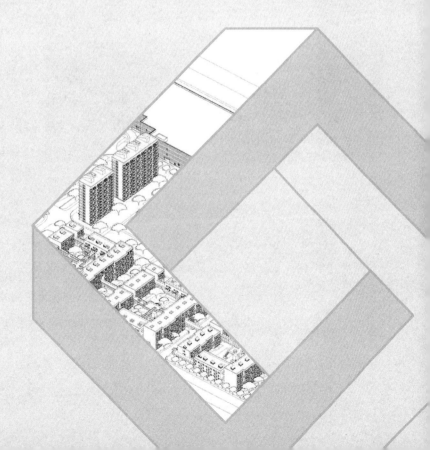

2.1 选址与布局

建筑选址与布局是实现绿色建筑的首要步骤，应该首先立足于项目所处区域的上位规划，集约城市用地，统筹发挥自然生态功能和人工干预作用，详细调研生态环境要素并提出对应性的建设策略，充分利用地区资源，注重对环境的尊重，从根源上找到绿色建筑的解决方案。

2.1.1 基地选址与控制

基地的选择和布局关系不仅影响场地的后期运营和使用，同样也影响周边的环境质量，是场地设计环节最基本的要素。应对其环境状况进行充分评估，尽量减少对其的干扰和破坏，并尽可能地对已遭破坏和失衡的生态环境进行局部恢复和改善。

1. 尊重地形地貌

在场地规划设计和建造中经常会遇到复杂地形地貌的处理，因此需要合理利用地形地貌的积极要素，降低施工和运维对周边环境的影响。精心处理的复杂地形更易于营造丰富的建筑内外部空间形态，形成独特的建筑风貌。

在北京中信金陵酒店的场地设计中，设计师结合原有山水地形，利用不同标高与山势，使其整个建筑群落能够如磐石般错落地叠置于山坡上，背山环抱一汪湖水，构成依山观水之势（图2-1-1）。大堂空间沿山坡拾级而上，空间保持了连续性且开敞宽阔（图2-1-2）。

（a）酒店外观

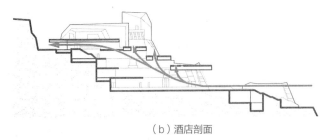

（b）酒店剖面

图2-1-1　北京中信金陵酒店
（图片来源：a：网络，b：《绿色建筑设计导则》）

图2-1-2 浙江音乐学院音乐系建筑群

（图片来源：网络）

浙江音乐学院音乐系建筑群位于校园北区，南倚望江山脉，北望一川平地。其原始场地为连续山脉，后因人工建造驾校考场等原因使得原本肌理遭到破坏。建筑师将建筑整体以向上生长的态势进行布局，还原原始地貌且修补了缺失的山脉，充分体现了建筑与场地的相互融合与呼应。设计布局在山脉中辟出几条裂缝为建筑提供阳光与自然通风，分散式的复合院落由流线型的走道串联，交通空间中连续起伏的坡道与颇具隧道感的门洞则是对曾经驾校空间的转译与回应（图2-1-2）。

2．保持现状植被

原生或次生的地方植被破坏后很难恢复，在场地建设中应尽可能对原有树木，尤其是树龄10年以上或树干直径超过100毫米的树木进行保留。必要时建筑布局应避开古树和名木，并在场地内种植本地植物。

在绩溪博物馆的设计中，建筑师在有限的场地内尽可能地保留原有植被，保留下了包含被当地人视为"神树"的一株树龄700年的古槐树和用地内的40余株树木，期望以此为这处经过很多历史变迁的古镇中心留下生命和生活的记忆，同时将整个建筑覆盖在一个连续的屋面之下，利用模仿绩溪周边山形水系起伏的屋面轮廓和肌理，围绕保留树木设置出多个庭院、天井和街巷，既营造出舒适宜人的室内外空间环境，也是对徽派建筑空间布局的重释（图2-1-3）。

（a）庭院中保留的古槐树

（b）整体鸟瞰

图2-1-3　绩溪博物馆
（图片来源：网络）

3. 结合水文特征

建筑应尽量保护场地内湿地和水体，维护其蓄水能力，改变遇水即填的粗暴式设计方法，注重生态价值的保护，消减对于自然生态的负面影响。充分利用场地原有水系，还可以缓解热岛效应，延续自然脉络。

坐落在湖南省益阳市梓山湖畔的益阳市民文化中心，采用本土化、生态化的设计理念，以洞庭渔歌为主题，建筑沿河道、山脊布置得高低错落，呈流线型布局，将建筑融入山景，延续了梓山湖南岸的山水脉络（图2-1-4）。

4. 节约土地资源

建筑应力求实现建筑用地和空间的高效集约利用，优先开发已开发的场地，合理选用废弃场地进行建设。将相似或关联功能尽可能集中成组布置，保留相对完整的自然区域，提高环境品质的同时，有利于二次开发建设。

北京电影学院怀柔校区的布局根据功能相近原则分为教学、活动、服务三大组团，各个组团集约布置，一方面确保内部的高效联系，一方面释放出北部完整的绿化景观用地，可以有效提升环境生态品质，也利于后期扩建（图2-1-5）。

英国诺丁汉大学朱比丽校区将原有月牙形的自行车工厂用地进行更新再利用，使其最终转变成了一个充满自然生机的公园式校园。基地的东北面是巨大的工业仓储设施，西南面是典型的英国郊区住宅，建筑师沿基地建造自然弯曲的水体用以软化边界和缓冲，有机地衔接了工业设施和住宅用地两个完全不一致的城市肌理，创造出新的建筑形态与环境（图2-1-6）。

图2-1-4　益阳市民文化中心
（图片来源：左图：《绿色建筑设计导则》；右图：网络）

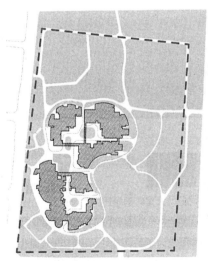 

图2-1-5　北京电影学院怀柔校区
（图片来源：左图：《绿色建筑设计导则》；右图：网络）

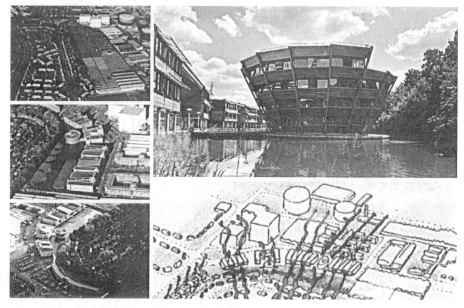

图2-1-6 英国诺丁汉大学朱比丽校区

（图片来源：窦强. 生态校园——英国诺丁汉大学朱比丽分校 [J]. 世界建筑，2004（8）.）

2.1.2 群体组合与布局

　　建筑的群体组合布局可以直接影响场地和建筑环境，是场地设计最关键的要素。设计时应强调空间的通透与开敞，结合地形特点，合理配置绿化，有意识地组织自然通风并减少热量辐射，以达到降低能耗、改变人居环境的特点。一般建筑群的平面布局有行列式、错列式、斜列式、周边式等（图2-1-7）。尽量避免产生涡流区，以妨碍下风向建筑通风，宜采用前后错列、前低后高等方式提高通风率。

　　建筑总体环境布局应根据场地微气候条件确定布局方式，如北方寒冷地区，以保温、御寒为主，应尽量避开冬季风、主导风向上的强冷气流对建筑的冲击；南方炎热地区，以防暑降温为主，可以利用夏季季风、主导风来帮助降温。紧凑布局形式，可充分发挥"风影效应"减轻寒冷气流对后排建筑的侵袭，但要避

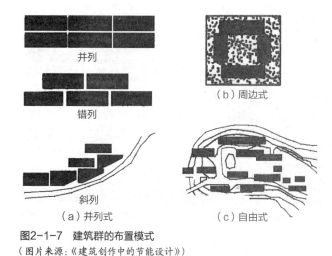

并列

错列

斜列

（a）并列式

（b）周边式

（c）自由式

图2-1-7 建筑群的布置模式

（图片来源：《建筑创作中的节能设计》）

免产生"下冲气流""风漏斗"等现象（图2-1-8）。建筑布局应结合气候特征进行分析后确定最佳形式，以获取良好的人居环境。

1．严寒地区建筑布局

严寒地区应重点解决防寒保温和排雪防冻等问题，建筑总体布局应有利于冬季避风。建筑长轴方向应避免与冬季主导风向正交，或尽量减小冬季主导风向与长轴的夹角，争取躲避寒流。

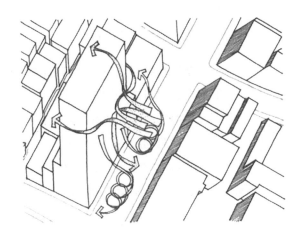

图2-1-8 下冲涡流效应产生的高楼风
（图片来源：《太阳辐射·风·自然光》）

东北大学浑南校区图书馆外部形态设计化整为零，强调体量感，边长近百米的建筑方正完整，与周边大尺度教学楼相协调。建筑设计中最大限度地缩小体形系数，门窗洞口向内收进，保证充足日照的同时尽量减少与室外的冷热交换（图2-1-9）。

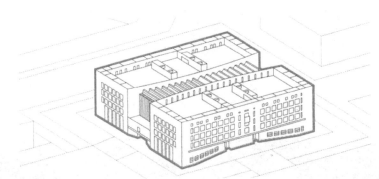

图2-1-9 东北大学浑南校区图书馆
（图片来源：上图：《绿色建筑设计导则》；下图：网络）

2．寒冷地区建筑布局

寒冷地区对于供暖和制冷的需求相近，应该以延长过渡季作为降低能耗的要点，尽可能采用被动式的设计手法。应采取减少外露面积，加强冬季密闭性且兼顾夏季通风和利用太阳能等节能措施，同时为减小风压带来的不利影响，建筑物应尽量避免迎向冬季主导风向。

通州行政中心办公楼群采用院落式布局，中间围合出公共活动绿地，配合建筑高度和院落尺度，对建筑物理环境进行积极回应（图2-1-10）。

3．夏热冬冷地区建筑布局

夏热冬冷地区的建筑设计应取得保温与隔热、日照与遮阳、通风与除湿的有效平衡，以夏季防热降温为主，兼顾冬季防寒。该地区应在夏季和过渡

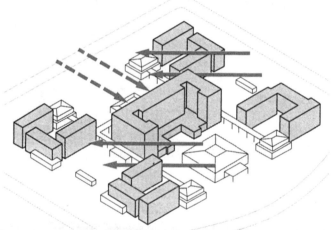

图2-1-10　通州行政中心办公楼群
（图片来源：上图：《绿色建筑设计导则》；下图：网络）

季节有效组织自然通风，适当考虑冬季的冷风渗透。建筑布局应考虑冬夏两季的风向差异选择最佳方式，建筑尽量避免西晒，组织穿堂风，利用夜间通风带走室内余热。

江苏省建筑职业技术学院在设计中大量利用底层架空方式，促进气流流通，减少潮气影响，而顶部向外出挑的形体又可以为底部活动空间带来遮阴（图2-1-11）。

4．夏热冬暖地区建筑布局

夏热冬暖地区需要重点解决通风散热、遮阳防雨等问题，在建筑布局和单体的平面剖面设计中需优先进行自然通风的气流组织，获取最佳的通风效果，可考虑设计体型舒展、凹凸空隙较多、体型系数大的形体，组织架空空间和多种遮阳形式丰富建筑效果，降低建筑得热。

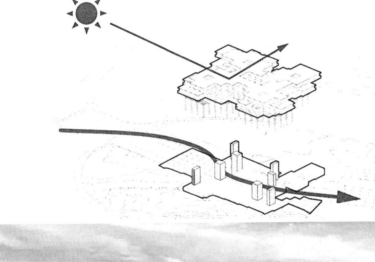

图2-1-11 江苏省建筑职业技术学院
（图片来源：上图：《绿色建筑设计导则》；下图：网络）

深圳市太阳辐射强，日照时间长，深圳万科中心将建筑底部架空，建筑主体与主导风向交叉形成对流通风，有利于调节场地环境的微气候并形成地面遮阴，同时保证场地绿化的最大化，形成连续的生态基质。场地大量种植本地植被，灌木和草地结合形成复层绿化系统，建筑屋面部分全部采用屋顶绿化（图2-1-12）。

5．温和地区建筑布局

温和地区有着全年室外太阳辐射强，昼夜温差大，夏季平均日温不高，冬季寒冷时间短且气温不极端的特点。应结合被动式设计手段，充分利于地域条件开展建筑设计。宜选用直接受益式的太阳房以获取最大化的日照，朝向宜选在南向正负30°的区间内。

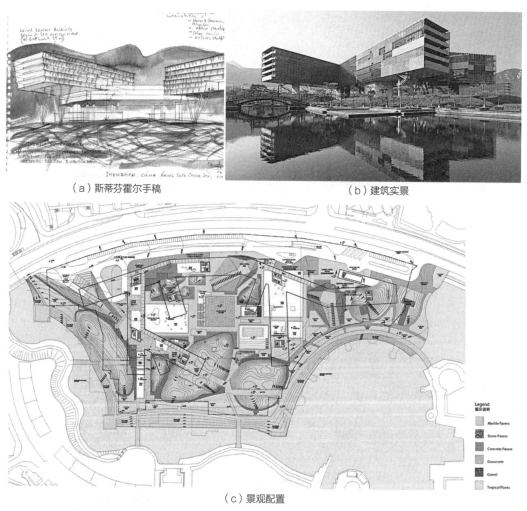

（a）斯蒂芬霍尔手稿　　　　　　　　　　　　　（b）建筑实景

（c）景观配置

图2-1-12　深圳万科中心
（图片来源：网络）

云南师范大学实验中学采用集约式的院落布局模式，创造功能分区清晰、空间立体丰富的校园环境。设计采用逐层跌落、架空连廊、连续通道、半地下基座等一系列山地设计的手段，因地制宜地化解场地每一处高差，争取良好的日照和通风朝向，并减少东侧城市道路噪音影响，塑造依山就势的校园形象，将复杂地段带来的先天困难因素转变为"立体式"的沿院落序列展开的校园空间（图2-1-13）。

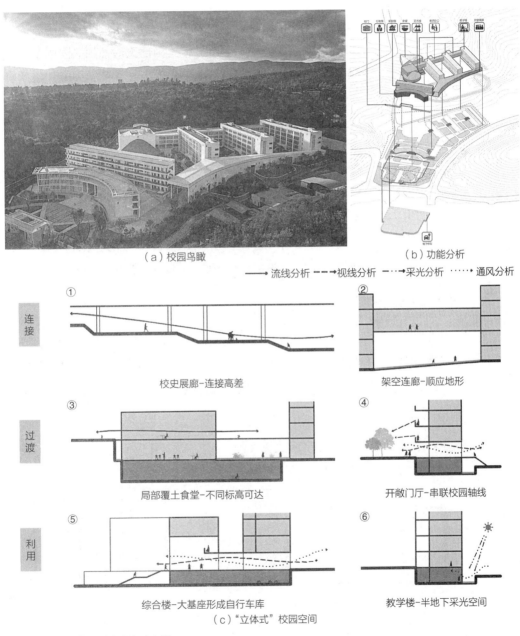

（a）校园鸟瞰　　　　　　　　（b）功能分析

——→流线分析　---→视线分析　-·→采光分析　······→通风分析

① 校史展廊-连接高差

② 架空连廊-顺应地形

③ 局部覆土食堂-不同标高可达

④ 开敞门厅-串联校园轴线

⑤ 综合楼-大基座形成自行车库

⑥ 教学楼-半地下采光空间

连接　过渡　利用

（c）"立体式"校园空间

图2-1-13　云南师范大学实验中学
（图片来源：网络）

2.1.3 建筑日照与朝向

阳光是人类生存、健康和卫生的必需条件，因此利用日照是绿色建筑节约能源最为经济合理的有效途径，也是场地设计最为直接的要素。为争取足够的日照，建筑基地应尽量选址向阳的平地或山坡，为单体节能创造采暖的先决条件。

1．日照的影响

人类的生存和活动离不开阳光，但如果建筑布局不当造成建筑群体的相互遮挡，即使选择了最佳朝向，依然会造成建筑内部无法达到必要的阳光照射。设计中必须在建筑物中留出间距以保证阳光直射，此间距就是建筑的日照间距。

对于不同地区由于太阳高度角和建筑朝向差异造成的遮挡情况并不相同，对于正南向建筑而言，通常以当地大寒日或冬至日正午12点的太阳高度角α作为确定日照间距的依据。建筑物的日照间距（图2-1-14）计算公式为：

$$L=H/\tan\alpha$$

式中 　L——房屋水平间距；

　　　　H——南向前排房屋檐口至后排房屋底层窗台的垂直高度；

　　　　α——当房屋正南向时冬至日正午的太阳高度角。

2．建筑朝向

建筑整体布局朝向的选择和确定是进行规划设计的首要因素，其选取原则是冬季获得足够的日照并避开主导风向，夏季则需减少太阳辐射并有效利用自然通风。建筑物应首先避免东西朝向，因条件所限无法保证时可采用锯

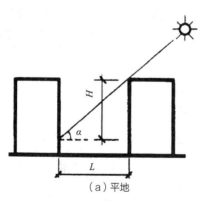
（a）平地

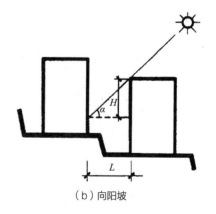
（b）向阳坡

图2-1-14　建筑物的日照间距
（图片来源：《建筑创作中的节能设计》）

齿或错位式布局减少西晒。同时在建筑南侧留出空间和尺度许可的开阔空间争取冬季日照和夏季通风。

不同气候条件下城市的布局模式也不尽相同，应根据当地太阳在天空中的运行规律确定建筑朝向。较宽的东西向街道可使冬季阳光更好地进入，在北半球高纬度地区太阳方位更多的是南向主导（南半球是北向主导），温带地区的朝向选择则更具有灵活性，不会造成太阳辐射量的严重损失（图2-1-15）。

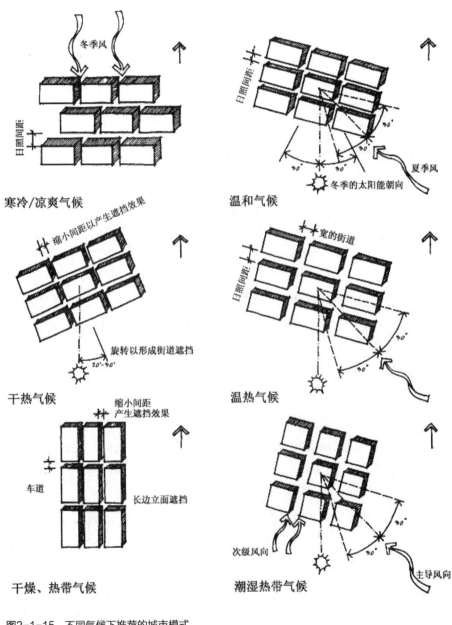

图2-1-15 不同气候下推荐的城市模式
（图片来源：《太阳辐射·风·自然光》）

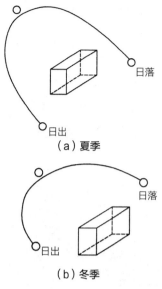

（a）夏季

（b）冬季

图2-1-16 冬夏两季太阳方位角的变化
（图片来源：《绿色建筑设计概论》）

建筑物墙面接收的太阳辐射量取决于墙面上的日照时间，冬季太阳方位角变化范围较小，因此各个朝向墙面获得日照时间的变化幅度较大；而夏季太阳方位角变化范围较大，各朝向墙面都能获得一定的日照时间，东南和西南向较多，而北向较少（图2-1-16）。

3．建筑布局

一般的建筑群的布局模式有行列式、围合式、多元式和散点式等。公共建筑的群体布局模式相对灵活，而居住建筑受日照等条件限制，形式相对固定。规划布置不仅要考虑对人、对环境的心理感受，还应满足日照和朝向，提供舒适的建筑物理环境。

1）行列式

行列式布局方式便于各栋建筑争取最佳朝向且有利于通风，曾经是较为普遍的建筑群体布局方式。但其缺点是相对呆板、缺少变化，不宜形成组团内院落空间。但在严寒地区不宜采用行列式南北向布置的住宅组团，因为严寒地区冬季终日阴影区面积很大，公共活动场地基本无日照，不利于居民户外活动。

深圳智慧广场的四栋建筑采用行列式错位布置，在南侧布置多层建筑以减小对内部庭院的日照影响，同时有利于通风和采光。可持续的绿色建筑带来了繁茂苍翠的优美环境，将内景环绕在建筑四周，轮廓线为北高南低，加上错位布局，使内外景观最大化（图2-1-17）。

2）围合式

围合式布局具有良好的空间围合感，可以提供安静且私密的内部庭院。缺点是其中有部分房间容易产生西晒。尤其是在建筑转角处，建筑较易形成自身阴影遮挡，使一定数目的房间终日见不到阳光，同时也不利于自然通风设计。

上海临港双限房的设计中摒弃了传统住宅日照先行的先入为主，先通过容积率参数和控规参数进行住区建筑整体营造后，再充分利用日照的精确计算进一步挖掘建筑局部，从而产生出了围合的住宅形态（图2-1-18）。

3）多元式

多元混合式是当前运用较为广泛的布局方式，常采用点、条塔、板式等结合的高低错落的布局方式。既可以围合部分外部空间节约用地，也可以减

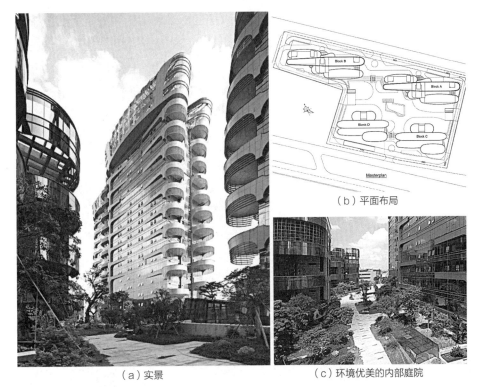

（a）实景

（b）平面布局

（c）环境优美的内部庭院

图2-1-17 深圳智慧广场
（图片来源：网络）

（a）建筑实景

（b）围合多层建筑

（c）全区轴测图

图2-1-18 上海临港双限房
（图片来源：网络）

少板式的封闭感，提供良好的景观和有日照的活动场地。在一定程度上兼具前两种布局模式的特点，提供更为多元化的建筑布局形态和功能类型。

　　获得美国绿色建筑协会LEED金奖认证的北京朝阳公园广场——"墨色山水"由10座建筑组成，建筑布局高低错落，好像一幅展开的山水画卷，在城市中心重塑大型的建筑关系，再现了"峰、涧、溪、石、谷、林"等自然形态和空间。紧邻公园湖面的不对称双塔办公楼由以拉索作为玻璃屋顶结构的中庭空间连接，双塔外立面纵向突出的脊线内部，设置了通向每个楼层的通风过滤系统，可将自然风引入每一层空间。双塔南侧的水景景观，除了优化视觉外，同时也是有力的降温剂——空气穿过水景沿着双塔脊线在内部流动，为双塔提供清爽新鲜的通风。多座小尺度的低层商业办公建筑，围合成一个隐秘又开放的城市花园。多层公寓延续了"空中庭院"的概念，错层的设计让每户都拥有更多的日照和与自然亲近的机会（图2-1-19）。

（a）实景　　　　　　　　　　　　　　（b）总平面图

（c）建筑模型

图2-1-19　北京朝阳公园广场
（图片来源：网络）

4）散点式

散点式是指单体全部选用点式的布局方式，各个点式建筑根据一定的规律进行布置，一般常围绕中心设施、公共绿地、景观水体等。该布局方式有利于日照和通风，易于形成丰富的景观。

中国铁建·西派城一期项目中建筑师采取"化零为整"的空间策略，九栋住宅单体全部选用高层点式住宅，建筑楼型采用十字形平面和矩形平面，使每户主要起居空间面向庭院花园或眺望都市美景。楼型高低错落，与环基地布置的低层商业建筑一起构筑了生动的城市天际线，使社区成为"山水之城"美丽风貌的一部分（图2-1-20）。

（a）项目实景

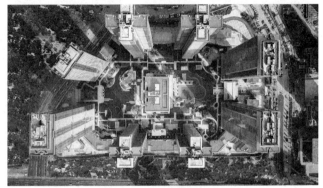

（b）总体鸟瞰

图2-1-20 铁建·西派城项目
（图片来源：网络）

2.2 景观与环境

景观与环境的可持续设计可以降低能耗并控制不利的气候因素，景观设计手法受到建筑场地所处气候区域的影响，不同地域的景观设计原则如下：

温和地区应在冬季最大限度地利用太阳能采暖，并引导冬季寒风远离建筑，在夏季尽量提供遮阳和形成通向建筑的风道；干热地区应给屋顶、墙壁和窗户提供遮阳，同时利用植物蒸腾作用使建筑周围制冷，自然冷却的建筑在夏季应利用通风，而空调建筑周围应阻挡风或使风向偏斜；湿热地区应在夏季形成通向建筑的风道，种植夏季遮阴的树木，同时也能使冬季低角度的阳光穿过，避免在紧邻建筑的地方种植需要频繁浇灌的植物；寒冷地区应用致密的防风措施避免冬季寒风，使冬季阳光可以到达南向窗户，如果夏季存在过热问题，应遮蔽照在南向和西向的窗户和墙上的夏季直射阳光。

2.2.1　绿化与植物

绿化和植物是缓解热岛效应和防治污染最有效的途径之一，也是场地设计中最有效的辅助要素。采用多种绿化形式对植物进行合理配置，形成多层次复合的生态结构是改善场地微环境的重要手段。

1．绿化的作用

1）遮阳作用

植物所产生的降温效果来自于遮阳和蒸腾的复合作用，尤其是湿热气候中树木的遮阳效果占总降温节能量的15%～35%。关于蒙特利尔La Fontaine公园的研究表明，绿化的降温效果在靠近开敞空间的街区最为显著，植物覆盖表明30%的地方能够通过蒸腾产生66%的降温可能（图2-2-1）。

提供遮阳的植物类型中树木起到的作用最为有效，树冠能够遮蔽底层建筑屋顶约七成的直射阳光并过滤和冷却空气。落叶乔木的最佳位置是建筑物的南侧和东侧，而在建筑的西侧和北侧可以利用树木遮挡夏季下午的阳光。爬满藤蔓的格架或者种有垂吊植物的种植筒既可以遮蔽建筑四周、天井和院子，靠近墙面的格架可以使藤蔓不依附和破坏墙体。而利用灌木或者小树遮蔽室外的分体空调机或热泵设备，可以提高设备的性能。

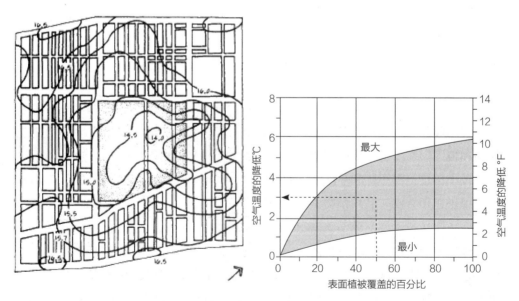

图2-2-1　La Fontaine公园降温效果和植物覆盖产生的降温速率
（图片来源：《太阳辐射·风·自然光》）

2）通风作用

在湿热地区场地中的植物还可以起到导风的作用。理想的绿化应该是枝干疏朗、树冠高大，既能提供遮阳，又不阻碍通风（图2-2-2）。最好能将成排的植物垂直于开窗的墙壁，把气流导向窗口。茂密的树篱也有类似于建筑翼墙的作用，可以将气流偏转进入建筑开口。同时应注意避免在紧靠建筑的地方种植茂密低矮的树，以防它阻碍空气流通，并增加湿度。

3）防风作用

种植在北面和西北面茂密的常绿树木和灌木是最常见的防风措施。乔木、灌木通常组合种植，这样从地面到树顶都可以挡风。阻挡靠近地面的来风最好选用有低矮树冠的树木和灌木；或者采用常绿树木搭配墙壁、树篱或土崖，也能起到使风向偏转向上、越过建筑的作用（图2-2-3）。如果建筑要依赖冬季阳光采暖，注意不用在建筑南面太近的地方种植常绿植物。除了远处的防风植物，在靠近建筑的地方种植灌木和藤蔓类植物也可以创造出隔绝空间。

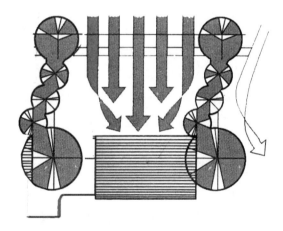

图2-2-2 植物导风示意
（图片来源：《建筑创作中的节能设计》）

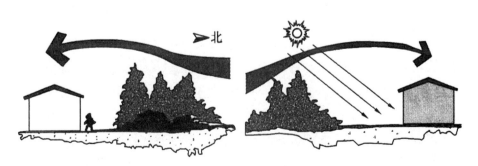

图2-2-3 植物防风示意
（图片来源：《建筑创作中的节能设计》）

2．场地绿化配置策略

1）采用乔木、灌木、草地结合的复层绿化

乔、灌、草结合所形成的多层次植物群落具有较强的生态服务功能，其生态效益比同样面积的单一草坪高出很多，可以提高绿地空间的利用率，同时展示丰富的三维空间景观效果，具有较好的景观层次和观赏价值。

《绿色建筑评价标准》GB/T 50378-2019中规定要根据居住人口规模等因素提出配建绿地的控制要求。合理搭配乔木、灌木和草坪，以乔木为主，能够提高绿地的空间利用率、增加绿量，使有限的绿地发挥更大的生态效益和景观效益。乔、灌、草组合配置，就是以乔木为主，灌木填补林下空间，地面栽花种草的种植模式，在垂直面上形成乔、灌、草空间互补和重叠的效果。根据植物的不同特性（如高矮、冠幅大小、光及空间需求等）差异而取长补短，相互兼容，进行立体多层次种植，以求在单位面积内充分利用土地、阳光、空间、水分、养分而达到最大生长量的栽培方式。

2）采用乡土植物

根据《绿色建筑评价标准》GB/T 50378-2019，植物配置应充分体现本地区植物资源的特点，突出地方特色。植物物种应选择适应当地气候和土壤条件的乡土植物，选用少维护、耐候性强、病虫害少、对人体无害的植物。乡土植物易生长，存活率高；易维护、耐候性强、病虫害少的植物运营管理成本低。合理的植物物种选择和搭配会对绿地植被的生长起到促进作用。

3）采用多维度绿化系统

应该尽可能使场地环境中的绿化与外部公共绿化以及建筑室内绿化相结合，形成完整的绿化系统。如场地公共空间绿化、水景周边绿化、小庭院绿化、建筑周边绿化、停车场绿化、道路绿化、卫生隔离绿化、运动场地绿化、墙面绿化、底层架空空间绿化、屋顶绿化、阳台绿化、景观平台绿化等。

3．保护生物多样性

任何场地内的地表形态、土壤状况和河流、植物群落、野生动物栖息地的分布都是具有生态平衡和相对稳定性的生态系统。因此场地的选择与开发必须考虑整个地区的生态多样性，而绿化建筑环境是保护生物多样性的重要措施。如图2-2-4所示，"生态金字塔"的底层是土壤，其上则由分解者、生产者和消费者组成。分解者又称土壤生物，指蚯蚓、蚁类、细菌等，依赖死亡生物为食；生产者指可以直接吸取太阳能源、创造有机物的绿色植物；消费者分为多个层级，层次越高则依赖越高层的生物为生。

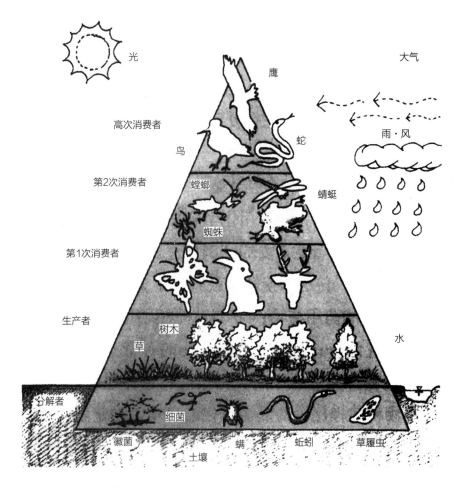

图2-2-4 生态金字塔图示
（图片来源：《绿色建筑》）

因此，野生生物的数量和多样性是生态环境的指标，植物多样性是多种生物繁荣的基础，进行多种植物种植、创造各种类型的绿地并将其有机组合成为系统，是实现生物多样性必不可少的内容。

4．景观绿化综合案例

案例1：Salesforce 客运中心（立体绿化）

占地5.4英亩的公共屋顶公园是Salesforce客运中心的点睛之笔，更是开放的城市客厅（图2-2-5）。不论是市民还是游客都可以体验这座横跨5个街区，长达400英尺，包含沙丘、湿地和树林的多样生态的屋顶花园。公园与周边建筑通过天桥联通，同时开设超过12个入口。屋顶还设置有雨水收集再利用系统（图2-2-6）。

图2-2-5 公共屋顶公园鸟瞰
（图片来源：网络）

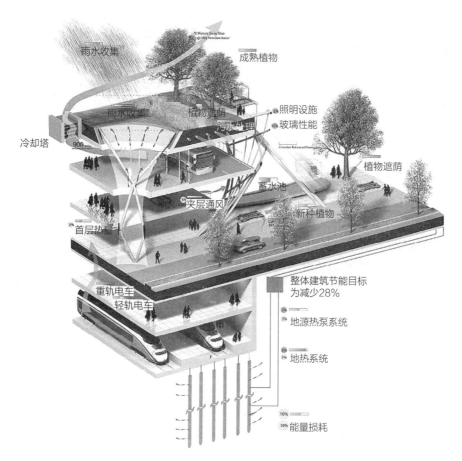

图2-2-6 可持续系统设计示意
（图片来源：网络）

案例2：上海绿地中心

上海绿地中心采用多维度绿化系统，"城市与自然生活相融合的城市农场"是贯穿整个设计的核心理念。生态绿谷式屋顶花园以约20000平方米的宽广屋顶绿化为中心，通过分割为不同大小的智能屋顶的几何结构和趣味性的露台以及户外斜坡，以3D的方式将不同的高度连接在一起，同时响应了下面的建筑功能和室内人们的各项活动。整座建筑利用大自然的冷却系统抵消热岛效应，使该处的城市环境和社会环境焕然一新（图2-2-7）。

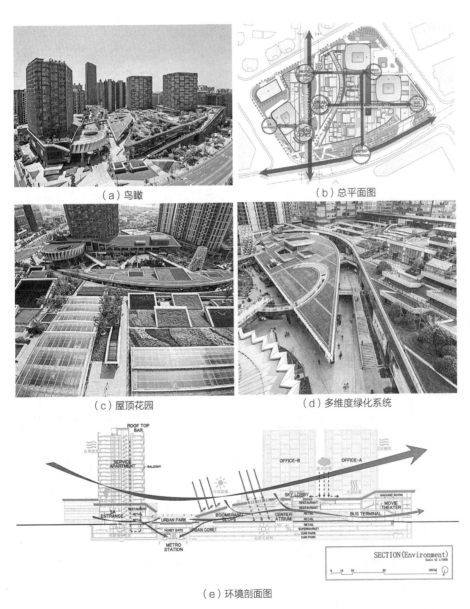

（a）鸟瞰　　　　　　　　　　　（b）总平面图

（c）屋顶花园　　　　　　　　　（d）多维度绿化系统

（e）环境剖面图

图2-2-7　上海绿地中心
（图片来源：网络）

场地内设计了巨大的绿化空间,建筑师以上海传统建筑的"老虎窗"为灵感,在不同的建筑高度上设置了大量的外向型小型活动平台;并且将所有这些尺度适宜的活动场地、绿化屋顶、办公入口、零售店铺以及公共交通场地紧密地编织在生动有趣的三维空间之中,凝聚成了一个大尺度的、拥有充足自然光和绿色元素的城市公共空间。

2.2.2 路面与铺装

为缓解由不透水材质铺筑的城市下垫面带来的热岛效应、减小城市排水的压力和洪涝灾害,常在公园、广场、停车场、运动场、人行道路和轻型车道上铺设可以透水的铺装材料,可以使得降水通过铺装本身及其与下部基层相联通的渗水路径渗入下部土壤。透水铺装和路面是我们构建海绵城市和适宜人居环境重要的构成要素之一。

1．透水铺装的特点

透水铺装材料具有良好的渗水性,可以使降水迅速渗入地表,通过保持土壤湿度保护地面下的生物生存空间。同时还具有良好保湿性,可以通过自然蒸发作用降低铺装表面温度,改善城市下垫面性质,缓解城市热岛和干热现象。而且其多孔的构造形式能吸收和降低城市环境噪声,尤其是交通噪声。

另外,雨水的快速渗透有利于减少路面积水,减轻城市市政排水系统的压力,避免城市雨水蓄积和漫流,防止城市夏季发生内涝,满足防洪要求,并减少对自然水体的污染。

2．透水铺装的类型

1）透水性混凝土铺装

透水性混凝土由特定级配的集料、水泥、特种胶结剂和水等制成,含有很大比例的贯通性孔隙(图2-2-8)。透水性混凝土分为两类:一类直接在透水性路基上铺设透水性混合料,经压实、养护构筑成大面积整块透水性混凝土路面;另一类将预制高透水性混凝土制品铺设在路基上,可以取得排水、抗滑、吸声、降噪、渗水效果,有利于行车交通安全,改善地表生态循环和保护环境。

2）透水沥青混合料铺装

透水性沥青混合料铺装多用于广场、停车场与道路,其强度和耐久性主要受原材料和混合料配合比的影响,孔隙率一般在13%以上(图2-2-9)。透水性沥青混合料的透水性和强度都很好,能长期保持良好的性能。

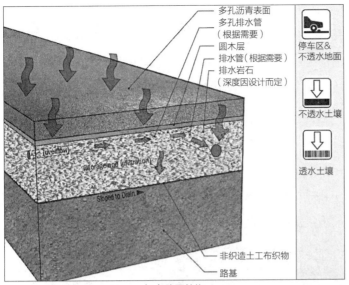

（a）路面结构

（b）深圳文锦路透水混凝土步道

图2-2-8　透水混凝土
（图片来源：网络）

图2-2-9　大连万科V-PARK儿童
区透水沥青铺面
（图片来源：网络）

3）透水性地砖铺装

透水性地砖采用高标号的硅酸盐水泥、普通硅酸盐水泥、快料或矿渣水泥等，与特殊级配集料、胶结剂和水等经特定工艺制成，含有大量连通孔隙，具有高渗性，但经过长期使用后其透水性能会明显降低（图2-2-10）。按透水方式与结构特征，透水性地砖可分为正面透水型和侧面透水型两类。

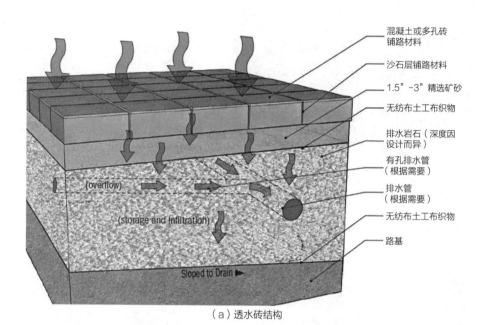

混凝土或多孔砖铺路材料

沙石层铺路材料

1.5"-3"精选矿砂

无纺布土工布织物

排水岩石（深度因设计而异）

有孔排水管（根据需要）

排水管（根据需要）

无纺布土工布织物

路基

（a）透水砖结构

（b）北大资源一期透水地砖

图2-2-10 透水砖
（图片来源：网络）

4）其他透水性铺装

其他透水铺装包括嵌草砖、植草板等。嵌草砖有两种类型，一种是在普通铺装材料（如毛石、料石、碎石、卵石、水泥砖等）的块料间留缝种草，通过块料之间的草缝透水（图2-2-11）；另一种是预制成可以种草的各种混凝土面砖，植草板是由高密度聚乙烯塑料制成，可循环利用，坚固轻便，便于安装（图2-2-12）。

图2-2-11　植草砖
（图片来源：网络）

图2-2-12　植草板
（图片来源：网络）

2.2.3 排污与减噪

1. 场地污染处理

为充分保护或修复场地生态环境，合理布局建筑及景观，需要对场地污染情况进行调研和处理。根据《民用建筑工程室内环境污染控制标准》GB 50325-2020中的强制性条文规定，新建、扩建的民用建筑工程，设计前应对建筑工程所在城市区域土壤中的氡浓度或土壤表面氡析出率进行调查，并提交相应的调查报告。

清洁无污染的场地环境是健康人居的必备要素。场地修复的原则是减少能源消耗和提倡使用破坏或降解污染物的修复技术。如北京焦化厂项目在修复模式上，结合后期开挖地基建设保障性住房和公租房，采用原地异位修复；在修复技术上，采用逐级热脱附集成技术（图2-2-13）。

建筑的建设实施应提出有效的环境污染防治方案和措施，保证场地的空气质量、水质和声环境满足相应的标准要求。《绿色建筑评价标准》GB/T 50378-2019中规定，配建的绿地应符合所在地城乡规划的要求，应合理选择绿化方式，植物种植应适应当地气候和土壤，且应无毒害、易维护，种植区域覆土深度和排水能力应满足植物生长需求，并应采用复层绿化方式。同时场地内不应有排放超标的污染源。生活垃圾应分类收集，垃圾容器和收集点的设置应合理并应与周围景观协调。

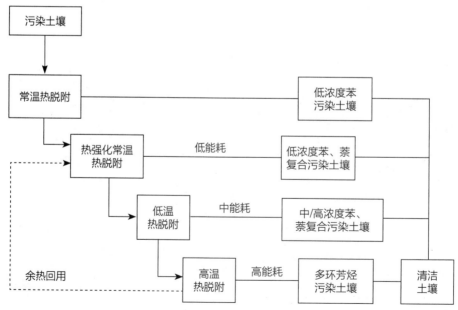

图2-2-13 北京焦化厂场地修复技术流程

（图片来源：孙兴凯等. 大型污染场地修复过程中的问题探讨与工程实践［J］. 环境工程技术学报，2020.）

2．噪声控制设计

噪声会促使人产生头晕、头疼、神经衰弱等病症，必须对其进行控制以提供优良的人居环境，因此降低噪声是场地设计布局必须考虑的基本要素。进行场地设计时，应结合现状考虑建筑的合理布局和间距。平面布置应动静分区，合理组织房屋朝向，利用构筑物、微地形、绿化配置、住宅与道路之间的夹角等元素降噪；利用建筑裙房或底层凸出设计等遮挡沿路交通噪声。为避免交通噪声干扰，面向交通主干道的建筑面宽不宜过宽。

1）屏障噪声

屏障噪声指在噪声源头和建筑物之间，设置隔声的实心物体来阻隔噪声的传播，可以是实心的围墙、土堤以及其他建筑物等。此类隔声屏障可以形成声影区，有效反射波长短的高频声。但由于低频噪声的波长比较长，会产生声波绕射现象，因而无法有效阻隔低频声。

2）绿化降噪

植物是噪声的天敌，噪声经过植物时会被稀释掉大部分，因此增加植被覆盖率能有效地稀释噪声。在城市中，特别是行车道与住宅楼之间或工厂与住宅楼之间，种植大量的植被可较好地形成稀释噪声的隔离带。实际的稀释效果要根据植被的总量、种类、间隔密度以及植被高度等因素来决定。

3）距离降噪

对于不能抗拒的噪声，可以通过远离噪声源来降低噪声。例如市政道路车辆的声音，可以通过临街建筑物尽量远离道路、将对噪声不很敏感的商业建筑作为屏障或道路两旁种植常绿乔木与灌木组成的宽度足够并且浓密的绿化带作为过渡增加距离来减低噪声。商住、医院、学校、办公等对噪声敏感的小区规划在城市的中心区，工业区、码头、高速公路、铁路等噪声较大的规划在城市的外围。

4）噪声控制案例

由于声音波长范围较宽，在实际的设计中要根据项目的功能和设计要求，结合不同的降噪手法进行噪声控制设计。

案例1：中国国家大剧院（距离降噪＋绿化降噪）

在国家大剧院的场地设计上，为强调这座建筑外部宁静的气氛并隔绝外来噪声，建筑师将建筑向后退了70米，周围全部用来种植绿化。此外还精心安排了"冬天不结冰，夏天不长藻"的水池，让"巨蛋"坐落在水面上，巧妙地利用水域和周边环境"隔绝"噪声，这样既可以利用水这一安静的元素远离噪声，又使建筑与倒影合二为一，打造了颇具魅力的视觉冲击（图2-2-14）。

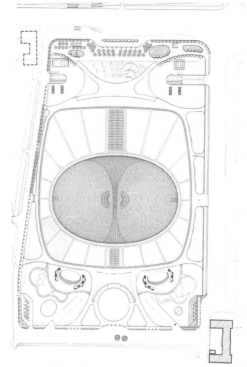

（a）总平面图

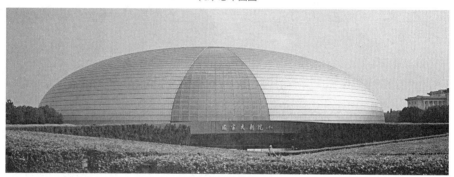

（b）周边绿化

（c）水域降噪

图2-2-14　国家大剧院

（图片来源：网络）

案例2：杭州杭行路小学（距离降噪 + 屏障降噪）

　　杭州杭行路小学的设计中，为缓解场地西侧城市主干道带来的交通噪声影响，将运动场地设置于西侧作为过渡，开阔的运动场地也提供了良好的景观面。北侧以停车场和广场组成校前集散区，开放的前场空间，容纳家庭接送交通，缓解了城市交通道路拥堵的问题。同时将行政办公设置北侧缓解交通道路噪声，教学区域分布在南侧和东侧，享受安静优美的学习环境。场地的正交网格体系中选取"U"形建筑体量作为基本单元模块，围合成多个院落空间，幽静的庭院将外界的喧嚣隔绝在外，营造良好的读书氛围（图2-2-15）。

（a）鸟瞰

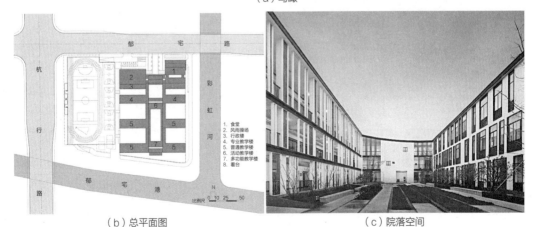

（b）总平面图　　　　　　　　　　　（c）院落空间

图2-2-15　杭州杭行路小学
（图片来源：网络）

3

建筑设计绿色要素

3.1 通风与防风

3.1.1 建筑通风与防风概述

1. 建筑通风的成因

本节所讨论的建筑通风主要针对自然通风。自然通风是指利用室外大气运动引起的风压差或建筑物内外空气的温度差引起的热压差来引进室外新鲜空气，以达到建筑通风换气作用的一种通风方式。换言之，空气从建筑物中流过的成因取决于建筑物两侧（或者是建筑进风口与出风口）存在的风压梯度和热压梯度，这种风压梯度和热压梯度称为风压差和热压差，这两种压力差也就形成了常说的风压通风与热压通风。

2. 建筑通风的形式与特性

1）风压通风

当风吹向建筑时，气流受到建筑的阻挡，会向上下左右产生偏转，从而形成绕过建筑物的流动，此时建筑的迎风面气压高于大气压力形成正压区。同时，气流绕过建筑的各个侧面及背面流动，会在建筑背风面形成负压区。这就使得建筑的迎风面和背风面形成风压差。建筑内部风压通风就是利用建筑的风压差实现空气的流通。俗称的"穿堂风"实际上就是典型的风压通风（图3-1-1）。

影响风压通风效果的因素有建筑物的形体关系、进出风口的面积、开口位置、风向和开口的夹角以及室外风速。

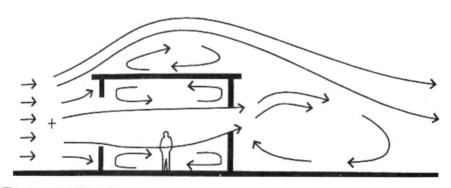

图3-1-1 风压通风示意

2）热压通风

当室内空气温度高于室外空气温度时，室内温度高的区域空气密度较小，空气向上运动，下部形成负压区，室外密度较大的冷空气由低处补充过来，这种不断地上升与低位补充形成向上的空气流动，即为由温度差引起的热压差带动的空气流动；当室内空间高度越高，空气由低向高的流动状态越强，当向上的空气在上升过程中温度不断升高，这种上升气流的速度也会不断加快，也就形成了由温度差与高度差共同作用下的热压通风（图3-1-2），也就是我们通常所说的"烟囱效应"。热压通风的要件有两个，一个是温度差，另一个是高度差，二者缺一不可。高处出风口的形式与方位也不容忽视。

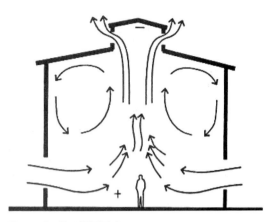

图3-1-2 热压通风示意

3）风压与热压协同作用通风

现实中很多建筑中的自然通风，由于建筑双侧有开窗，且具有室内外温度差及室内空间高度差的条件，通风是由风压和热压共同作用的结果。

由于风压和热压受到室外风向、风速、空气温度、建筑形式、周围环境等多因素的影响，风压与热压共同作用时，并不一定是简单的代数和关系。两种作用，有时相互加强，有时相互抵消。在自然通风设计时要准确把握两种通风作用的原理和特点。

4）机械辅助通风

在风口或风道中设置电动风机，利用风机的运转给室内空气一定的动力，克服风口、风道及室内家具等造成的通风阻力，使空气沿着预定路线顺利流动，这种通风方式称为机械辅助通风。

机械辅助通风使用中应注意房屋进风口开启位置，尽量在远离风机处较宜，避免通风的"短路"，影响整体空间的通风效果。

3. 建筑通风需求的差异

建筑的通风需求取决于地区气候的类型，不同类型气候区的通风需求各有不同。同一地区不同季节下建筑通风的需求也有较大差异。严寒地区多数时段室外气温很低，室内外温差很大，为了保证室内舒适度，减少室内热量流失，应尽量保持较低的通风量，仅保证健康通风需要即可。炎热地区也有类似的通风需求特征，只是因通风产生的热量流失是反向的。我国中部地区四季分明，夏季炎热冬季寒冷，春秋季气候温和，对建筑通风的要求则会因季节而不同。最冷和最热月份应减少通风量，减少热损耗；而春秋及夏秋过渡季节应充分利用自然通风，提高舒适度，减少制冷和采暖的耗能。再像干热地区，气候特点是昼夜温差大，白天酷暑炎热，夜晚空气凉爽，故白天应减少通风量，夜晚充分利用通风降温。

3.1.2 建筑通风策略

1. 风压通风

1）建筑群体关系与风压通风

行列式（正列式）：采用整齐的行列式布局，当夏季主导风向与建筑垂直时，处于前排建筑的迎风面与背风面风压差较大，通风效果显著。处于后排的建筑极易在前排建筑的风影区内，气流速度减慢，前后风影区叠加效果造成后排建筑风压差逐渐减小，通风状况不佳（图3-1-3）。

错列式：在行列式的基础上，建筑前后整行错落（图3-1-4）或者整列错落布置。相比行列式而言，错列式有利于减小建筑组群风影区叠加出现的旋涡和死角，前后排之间的影响有所减弱，其通风效果要明显优于行列式。

斜列式：在错列式基础上，建筑朝向上有所扭转。通风原理同错列式，有利于减小建筑组群风影区的叠加。建筑组群内部气流速度加快，后排建筑

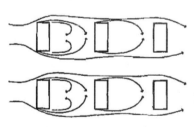
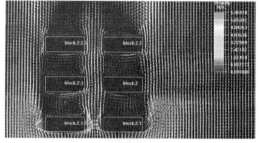

图3-1-3　行列式布局通风

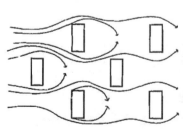

图3-1-4　错列式布局通风

迎风面与背风面风压差加大，前后排之间的遮挡显著减弱，其通风效果要明显优于错列式（图3-1-5）。

　　院落式：建筑组合成院落形式，具有较强的围和感。院落式组合造成内院进风口较小，并且院落内部易形成涡旋，除了迎风面建筑外，其余建筑通风效果较差（图3-1-6）。

　　自由式：当基地环境较为复杂时，可采取自由式布局方式，灵活多变，具有较大的自由组合空间，在风环境设计中，应依据场地风环境结合基地实际情况进行设计。自由式布局有利于营造丰富的空间组合，设计手法也多种多样（图3-1-7）。

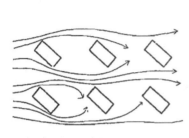

图3-1-5　斜列式布局通风

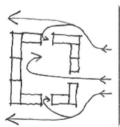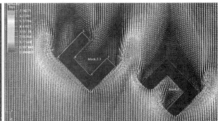

图3-1-6　院落式布局通风

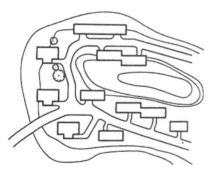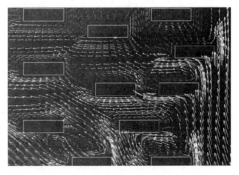

图3-1-7　自由式布局通风

2）建筑形体与风压通风

不同的建筑形体，在风环境当中会对空气有不同的扰动，形成不同的风场。迎风面对气流阻挡会形成正压，背风面形成一定的扰流涡旋，会形成相对负压。这种正压与负压的差值正是影响建筑室内通风的关键因素。由于建筑形体的差异，在建筑周边正负压区域和强度会各有不同。建筑背后的涡旋区域称为风影区，处于风影区内的建筑风压差较小，因而不利于通风（图3-1-8）。

3）建筑迎风面与主导风向

在风速条件相同的情况下，室外风向与建筑迎风面投射角为90°时，气流在迎风建筑后形成了漩涡，且风速有了极大的衰减，对于其后的建筑自然通风造成了不利影响。当室外风向与建筑迎风面投射角为45°时，迎风建筑物后并没有形成明显的旋涡，风速仅产生少量衰减，说明风向投射角倾斜时对整个建筑组团的自然通风有利（图3-1-9）。

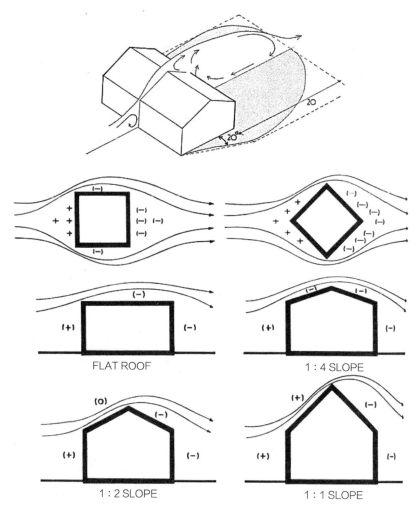

图3-1-8　建筑形体与风压通风

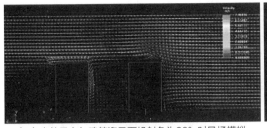
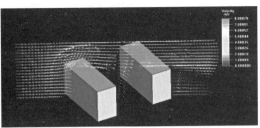

（a）室外风向与建筑迎风面投射角为90°时风场模拟　　　　（b）室外风向与建筑迎风面投射角为45°时风场模拟

图3-1-9　室外通风与建筑迎风面投射角关系

4）合理设置进风口与出风口

建筑的自然通风是通过在建筑的外围护结构上的开口，控制室内外空气流动实现的，因此，建筑物窗口的朝向、位置、尺寸和开启方式等都会影响到建筑的自然通风效果。

窗口平面位置： 建筑室内气流受建筑迎风窗口方位与风向夹角关系以及进出风口的平面位置关系的影响（图3-1-10）。

窗口竖向位置： 调整窗口竖向位置可以控制气流在室内空间竖向上的分布，其中进风口在竖向上的位置和高度对室内自然通风效果的影响比出风口更大（图3-1-11）。

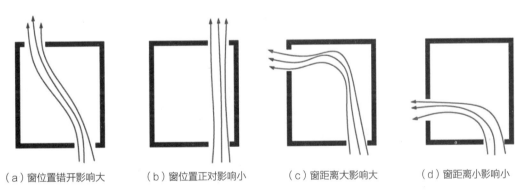

（a）窗位置错开影响大　　　（b）窗位置正对影响小　　　（c）窗距离大影响大　　　（d）窗距离小影响小

图3-1-10　不同平面开窗位置对室内气流流场的影响

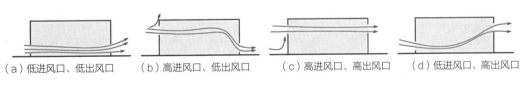

（a）低进风口、低出风口　　　（b）高进风口、低出风口　　　（c）高进风口、高出风口　　　（d）低进风口、高出风口

图3-1-11　窗的竖向位置与室内气流流场示意图

当建筑南北走向布局时，建筑窗口位置主要在东西立面，不利于满足良好的自然通风和自然采光要求。这时可以通过改变外墙的形态调整窗口位置来"纠正"建筑原本的不利朝向，以此调整建筑的自然通风及采光（图3-1-12）。

窗口开启方式：不同的窗口开启方式可以达到不同的室内通风效果。这是由于窗户的开启扇可以在一定程度上充当导风板的作用，致使开启扇可以对气流产生阻挡或者引流的效果（图3-1-13）。在选择窗口开启方式时，应保证足够的进风量，同时可以利用窗户开启扇引导通风，增强自然通风效果。

悬窗对气流的引导作用比较明显，在外开下悬窗和内开上悬窗的作用下，气流被引入室内人体活动区域，有利于改善室内使用者的舒适感（图3-1-14）。

内部空间分隔：为了建筑室内空间形成良好的自然通风，需要内部形成通透的房间，使气流可以贯穿整栋建筑（图3-1-15）。合理的窗口开启位置与易导风的建筑形体可以促进风压通风的效率。

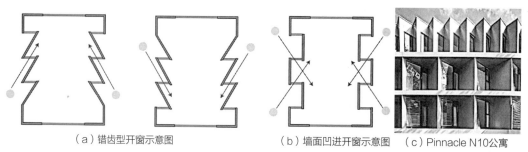

（a）错齿型开窗示意图　　　　　　（b）墙面凹进开窗示意图　　（c）Pinnacle N10公寓

图3-1-12　通过错齿或凹进改变窗口朝向

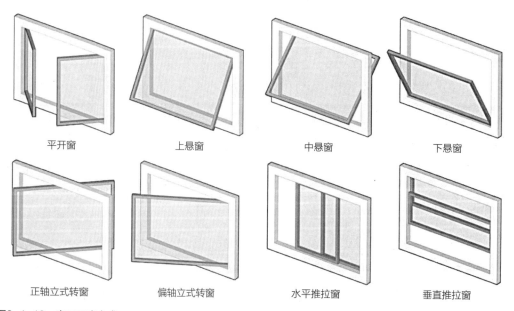

平开窗　　　　　　上悬窗　　　　　　中悬窗　　　　　　下悬窗

正轴立式转窗　　　偏轴立式转窗　　　水平推拉窗　　　　垂直推拉窗

图3-1-13　窗口开启方式

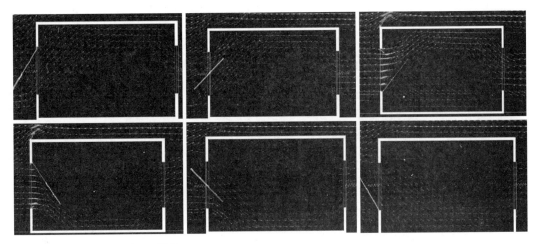

图3-1-14 窗口开启方式通风模拟

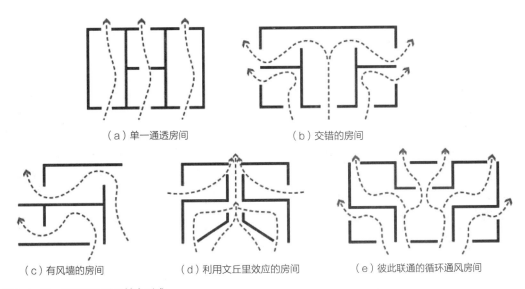

（a）单一通透房间　　　　　　　　　（b）交错的房间

（c）有风墙的房间　　　（d）利用文丘里效应的房间　　　（e）彼此联通的循环通风房间

图3-1-15 风压通风平面基本形式

5）建筑形体与通风

　　基于通风考虑的建筑形体主要有形体错动、退台处理、倾斜屋面、体块挖减、底层架空以及附加通风屋面等（图3-1-16）。

　　建筑形体错动可以通过体块变化形成导风的作用。建筑形体进行退台处理，可以增大建筑迎风面的迎风面积，增强气流流速；斜坡屋顶高度的变化，会加强伯努利效应的作用效果，使通过屋面的风速升高；体块挖减开洞处理，局部形成"风通道"，可以促进气流通过建筑内部，增强内部自然通风；底层架空形成较为通透的空间，使得气流贯穿建筑底部，减少对气流的阻挡，使建筑周围的风环境得到优化（图3-1-17）。

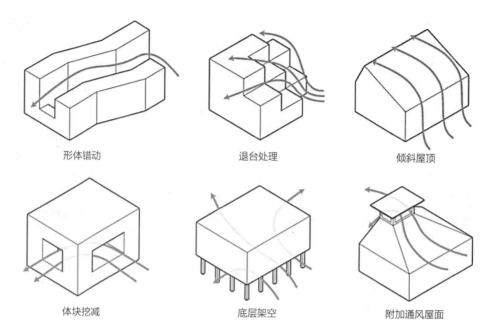

形体错动　　　　　　退台处理　　　　　　倾斜屋顶

体块挖减　　　　　　底层架空　　　　　　附加通风屋面

图3-1-16　有利于通风的建筑形体

图3-1-17　底层架空形成"风通道"
（图片来源：网络）

案例1：南京岱山初级中学设计

　　教学区采用正南正北的"梳子形"布局，几个齿状形体从北向南逐渐由长变短，形成南短北长形体格局。南京地区夏季主导风向为东南风，因此每个体块都能引导东南风形成迎风面，在建筑南北窗口形成风压差，创造风压通风的有利格局。冬季主导风向为东北风，北侧较长的体块可以阻挡寒风对南侧建筑及院落空间的侵袭。连廊部分底层架空，避免了建筑围合形成的气流涡旋，有利于减少风影区（图3-1-18）。

（a）校园鸟瞰图

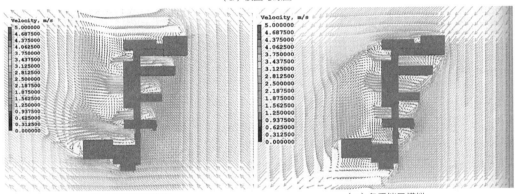

（b）夏季导风模拟 　　　　　　　　　（c）冬季挡风模拟

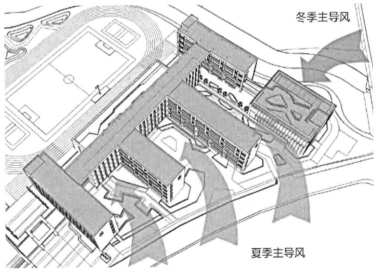

冬季主导风

夏季主导风

（d）教学区形体夏季导风及冬季挡风示意图

图3-1-18 南京岱山初级
中学风压作用分析

（图片来源：建筑技艺2019.1）

案例2：吉隆坡UMNO塔

马来西亚建筑师杨经文提出了"生物气候摩天楼"的设计理念。吉隆坡UMNO塔（图3-1-19）在建筑设计中采用凹进、退台等处理手法，不仅丰富了造型和空间形式，而且构成了非常适合引导通风的形体，使之成为适应热带气候环境的低耗能建筑。

建筑最具特征的是在建筑的两端分别有两组高耸的巨型板状形体。每组互成喇叭口状布置的板状体即为引导通风的导风板，形成的外大内小的喇叭口即为捕风口。无论哪个方向来风都能引导进建筑内部，形成强烈的风压通风，而且每一层都能享受到舒适的通风效果（图3-1-20）。

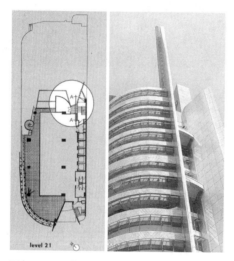

图3-1-19　吉隆坡UMNO塔平面及导风口局部
（图片来源：T.R.Hamzah & Yeang: Ecology of the sky, Ivor Richards, 2001.）

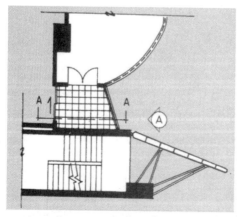

图3-1-20　吉隆坡UMNO塔外观及通风口局部平面
（图片来源：T.R.Hamzah & Yeang: ecology of the sky, Ivor Richards, 2001.）

2．热压通风

形成热压通风关键条件是室内外的温度差及内部空间的高度差。建筑空间形态与洞口开设位置是要控制的关键要素，如将原本低矮的室内空间升高或局部升高，并在高位和低位分别设置出风口与进风口；利用中庭的高度差组织热压通风；利用通风塔、楼梯间、竖向通风管井等形成通风构件来组织热压通风（图3-1-21）。

1）特朗勃墙

特朗勃墙是热压通风技术运用的典型示例。向阳的外墙是蓄热体，在离墙外表面10厘米左右装上玻璃或透明塑料薄片，使之与墙体之间形成一空气间层。该系统集成了两种功能：一是通过被动接收太阳短波辐射加热蓄热墙，蓄热墙长波辐射加热间层中的空气；其次是通过热压通风原理控制通风口的开闭来组织气流。根据季节可分为冬、夏和昼、夜模式。

冬季白天通过温室效应加热集热墙以及空气间层空气，关闭外侧上下通风口，打开蓄热墙上下通风口，以热压通风方式与室内空气进行内循环，热空气不断进入室内实现取暖目的；夜晚关闭墙体通风口，蓄热墙向室内辐射热能。

夏季白天关闭蓄热墙体通风口，开启外侧上下通风口，热空气上升，进行外循环，降低墙体外表面温度；夜晚打开墙体下部和外侧上部风口，墙体辐射热量加热间层内空气，从上部外侧风口溢出，室内空气由内侧墙体下部风口补充进来，形成热压通风的内外循环，带走室内热量（图3-1-22）。

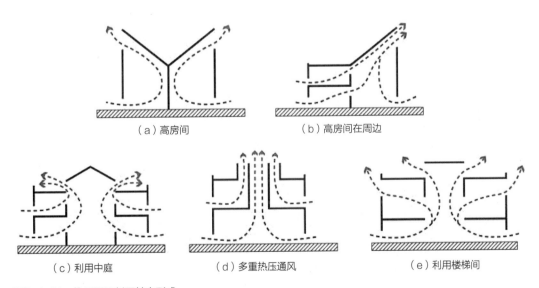

（a）高房间　　　　　　　　　　（b）高房间在周边

（c）利用中庭　　　　（d）多重热压通风　　　　（e）利用楼梯间

图3-1-21　热压通风剖面基本形式

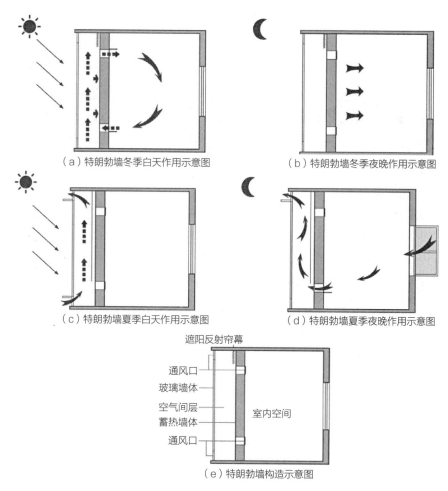

（a）特朗勃墙冬季白天作用示意图　　　　（b）特朗勃墙冬季夜晚作用示意图

（c）特朗勃墙夏季白天作用示意图　　　　（d）特朗勃墙夏季夜晚作用示意图

遮阳反射帘幕

通风口
玻璃墙体
空气间层
蓄热墙体
通风口

室内空间

（e）特朗勃墙构造示意图

图3-1-22　特朗勃墙工作示意图

2）烟囱效应

"烟囱效应"指的是室内的空气沿着垂直通高的空间向上或向下运动，造成空气加强对流的现象。建筑中的热压通风一开始就以壁炉和烟囱的形式联系在了一起。通风塔越高，底部空间与外部温差越大，竖向热压通风作用越明显，即所谓的"烟囱效应"。

案例1：英国内陆税收总部大楼

该建筑是利用太阳能烟囱技术（热压通风）实现自然通风的代表作。建筑周边紧凑的城市格局，导致周围的风环境较差，不易形成良好的自然通风。

建筑的入口及楼梯间被设计为圆柱形玻璃风塔，通风塔在夏季的时候升起，可以最大限度地吸收阳光热量，加热通风塔内的空气，使空气上升，形成烟囱效应，实现热压通风。在冬季的时候通风塔可以降下以封闭排气口，这样通风塔便成了一个采暖房，有利于冬季节能保温（图3-1-23）。

图3-1-23 英国内陆税收总部大楼热压通风示意
（图片来源：纪雁等. 可持续建筑设计实践［M］. 北京：中国建筑工业出版社，2006；《A+U（中文版）》）

案例2：威卢克斯（中国）办公楼

威卢克斯（中国）办公楼位于河北省廊坊市经济技术开发区，是国内第一栋按照主动式建筑理念设计建造的项目。除了在节能、采光和热舒适等方面有杰出的表现，该建筑在自然通风方面也有精心的设计。除了南北开窗引导风压通风外，在建筑北侧边庭和中部小中庭，与顶部自动开启的斜向天窗构成了热压通风的要件，达到了良好的通风效果（图3-1-24）。

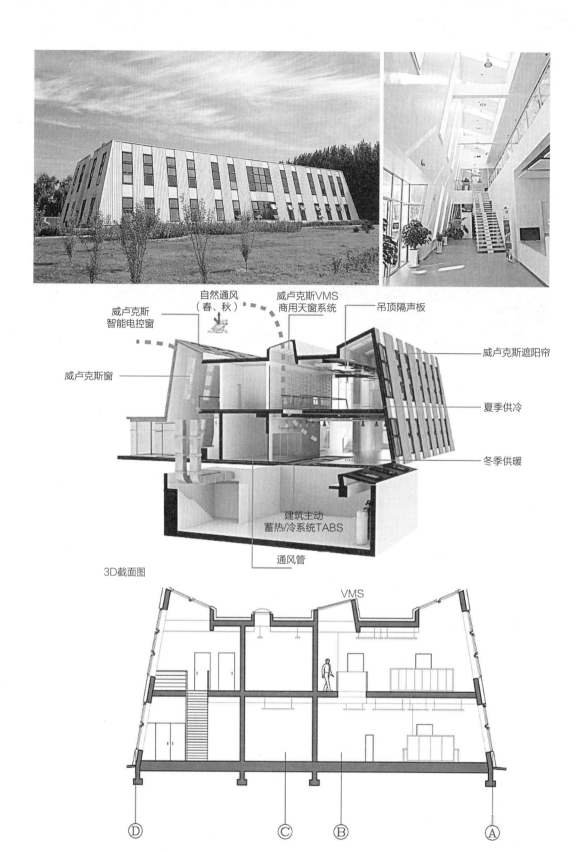

图3-1-24　威卢克斯（中国）办公楼

（图片来源：建筑技艺2015.12）

案例3：贵州新区清控人居科技示范楼

项目位于贵州省贵安新区，地处气候温和、高湿度地区。示范楼整体空间布局的关键思路是以自然通风解决湿度问题。在过渡季节及夏初、夏末，充分利用自然通风来提高室内环境的舒适度。通高的中庭及顶部拔高部位的南北通长通风窗是热压通风的关键要素。南北两侧的窗户可根据不同季节的主导风向控制开启，促进风压与热压通风（图3-1-25）。

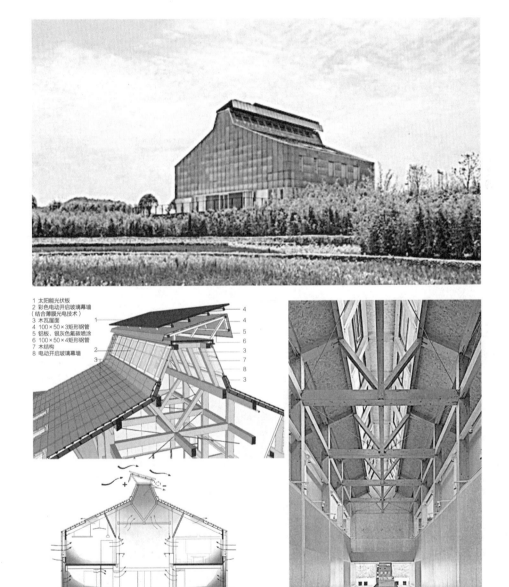

图3-1-25　贵州新区清控人居科技示范楼
（图片来源：宋晔皓等. 可持续整合设计实践与思考——贵安新区清控人居科技示范楼［J］. 建筑技艺，2017.）

案例4：BHC科伦坡办事处

Richard Murphy建筑师事务所设计的BHC科伦坡办事处位于斯里兰卡首都科伦坡，建筑的特征之一是采用了屋顶集热式的倾斜太阳能烟囱构造。建筑采用单层双坡屋面，屋脊放大为高起的"玻璃灯罩"，连接下部使用空间。经过阳光辐射加热"玻璃灯罩"里的空气，加速热压通风（图3-1-26）。

图3-1-26　BHC科伦坡办事处
（图片来源：BHC科伦坡办事处，筑龙学社，2014.2）

案例5：岳阳县三中风雨操场

岳阳县位于中国夏热冬冷的
地区，全年潮湿多雨，湿度较大。
设计的重点之一是如何利用自然通
风解决温度和湿度的问题。顶部锯
齿状屋顶均有排风口，在端部主席
台上方抬高屋面，形成热压通风拔
风通道，与底部作为进风口的通长
开启门扇形成可强化的热压通风，
改善了室内风环境（图3-1-27）。

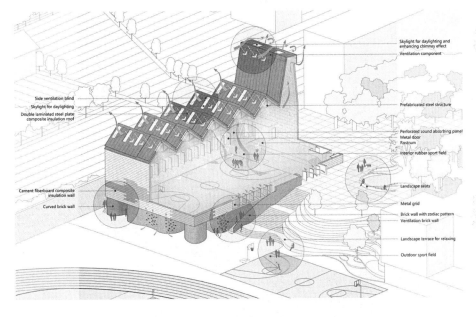

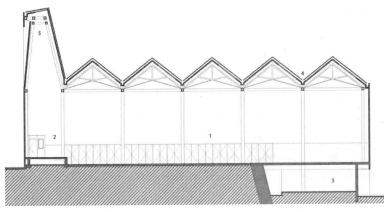

图3-1-27 岳阳县三中风
雨操场
（图片来源：素朴建筑工作室）

案例6：郑州旅游职业学院体育馆

体育馆曲面网架屋盖的九个锥形张拉膜结构在组织自然通风上起到积极的作用。每个张拉膜单元在顶部设有风帽，风帽由电机控制，可根据需要开启关闭。在正式比赛时，外墙中部侧窗关闭以控制比赛场地所规定的风速要求。满场观众散发的热量促使热空气上升，从张拉膜顶部升起的电动风口溢出，同时外墙低侧窗补充新鲜空气，形成热压通风带动的空气循环（图3-1-28）。

图3-1-28　郑州旅游职业学院体育馆

3．风压与热压协同通风（混合通风）

由于建筑空间的复杂性，室内通风状况也会呈现多样性。风压通风多在小进深建筑中效果显著，大进深或是空间复杂的建筑单凭风压通风已不能满足，通常会引入热压通风。高耸空间通过热压通风更能提高气流交换速率。因此，在大进深房屋或是有高耸空间的复杂空间房屋中，两种通风方式协同互补促进室内的空气流通，共同组织调节室内风环境。图3-1-29是几种组织混合通风较有利的形体方式，利用高耸空间或升高交通空间来增强热压通风的作用效果，不同气候条件下风压通风和热压通风各有侧重，互为补充。

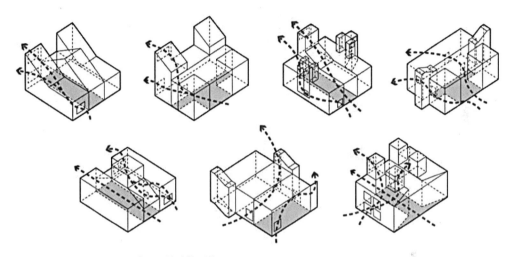

图3-1-29　几种利于组织混合通风的建筑形体

案例1：英国建筑研究院（BRE）的环境楼

环境楼最主要的自然通风策略是通过可开启的侧窗引入室外新鲜空气。在顶棚内的每个气流通道靠外墙的尽端都有一个可开启的小窗户，而通道的另一端则是对着开放办公区域和办公隔间之间的走廊直接开放（图3-1-30）。

当室外气流在穿过通道进入办公区域前，已经完成了空气和顶棚之间的热交换。气流尽端的小窗户由建筑管理系统自动控制。这种通风方式在冬季基本满足了室内空气质量的要求，在夏季则成为利用室外较冷空气进行夜间通风制冷方式的一部分。开放办公区域和办公隔间内的大窗户基本通过手动控制。当室内温度过高或需要更强的夜间制冷时，它们也可以由建筑管理系统控制而自动开启来补充更多的通风量。夏季太阳直射在通风井的玻璃外墙上，将内部的空气预热，热空气自然地上升到不锈钢烟囱部位，并由此排出室外，压力差引起新鲜空气不断地被吸入补充。

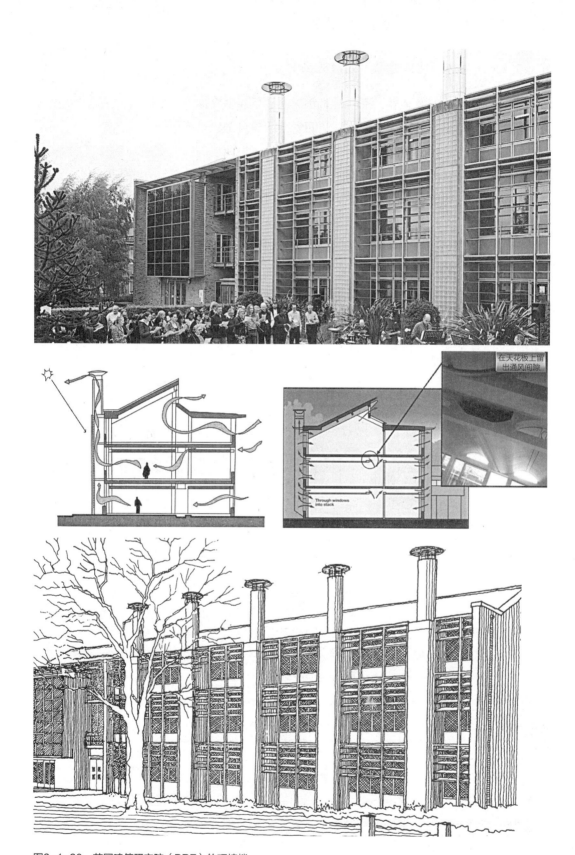

图3-1-30 英国建筑研究院（BRE）的环境楼

（图片来源：网络及SUN·WIND & LIGHT, ARCHITECTURAL DESIGN STRATEGIES, G.Z.Brown and Mark Dekay）

案例2：汉诺威2000年世博会26号馆

德国建筑师托马斯·赫尔佐格设计的汉诺威2000年世博会26号馆（图
3-1-31）也是综合利用热压和风压作用实现被动节能自然通风的代表作。在
夏季室外温度较高的环境中，建筑立面上距地面4米的玻璃通风管道将冷空
气引入展厅中，冷空气下降后吸收室内人流与机械设备的热量后上升。同时
其顶部通风口受热升温，其附近空气得热后向室外逸散，从而将室内热空气
"拔出"。

（a）自然通风原理示意图

（b）实景

图3-1-31　汉诺威2000年世博会26号馆
（图片来源：纪雁等. 可持续建筑设计实践［M］. 北京：中国建筑工业出版社，2006.）

4．机械辅助通风

在室内外温差不大时，驱动力就不够充足，而在室内外温差过大时，会存在超过需要的通风换气量。为了能解决这个问题，通过加设辅助风机及阀门为自然通风提供引导的动力（图3-1-32）。

案例1：英国内陆税收总部大楼

该建筑标志性的高耸风塔在热压通风时，为了使室内气流快速经风塔中流动，在风塔出风口下部装有轴流风机，加速室内的热压通风（图3-1-33）。

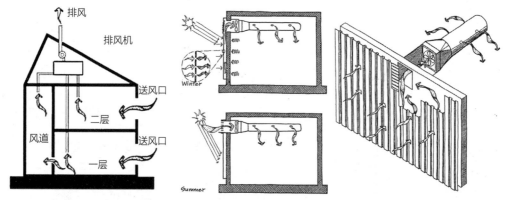

图3-1-32　机械辅助自然通风示意图

（图片来源：网络及SUN·WIND & LIGHT, ARCHITECTURAL DESIGN STRATEGIES, G.Z.Brown and Mark Dekay）

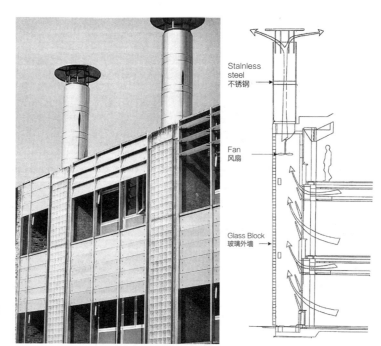

图3-1-33　英国内陆税收总部大楼风塔通风示意

（图片来源：《A+U（中文版）》）

案例2：森斯伯瑞之英国格林尼治店（地道风）

超市室外空气通过地埋风道引入室内，利用了土壤蓄冷蓄热作用，预冷预热引入的新鲜空气温。由于风道内阻力较大，单纯靠自然风压不足以形成快速的气流。因此，在室内出风口处安装机械风机，加大气流速度（图3-1-34）。

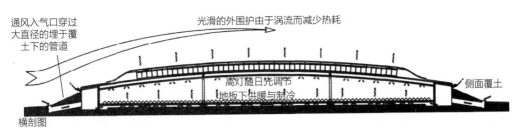

图3-1-34　森斯伯瑞之英国格林尼治店地道风示意

（图片来源：世界建筑2004.8.）

5．导风设施改善通风

当建筑的窗洞口朝向不利于组织室内通风时，可在窗洞口外增设导风板构件，使建筑窗洞口处形成小规模的正负压力差，引导气流进入室内，增强建筑的自然通风效果（图3-1-35）。由于房间开窗位置以及窗口之间的位置关系不同，对导风板的设置应精确考量，位置不佳有时反而适得其反。设置导风板位置的关键是有利于在不同窗口处形成正负压力差，引导空气流动。

捕风塔

捕风塔是起源于中东的一种古老被动式通风降温技术，它的结构为垂直管状结构，与烟囱类似，由外部的集风口和内部的管道两部分组成。捕风塔的主要工作原理是由于高处的风速一般比地面风速大，它可以捕获距地面较高处的空气，利用风压和热压的综合作用，加强通风效果，形成较强的对流，并将它们引入室内，促进室内空气流动（图3-1-36）。

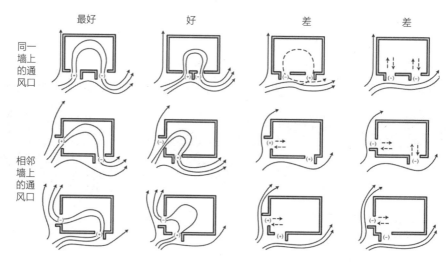

图3-1-35　导风板对气流的引导作用

图3-1-36　捕风塔
（图片来源：网络）

现代捕风器

现代捕风器借鉴了捕风塔的原理，通常为立方体形状，四面均设为开口便于捕捉不同方向的风。在捕风器内部，四片薄片状的隔板将捕风器等分成四个三角形的空间，每个空间根据风向的差异既可以作为迎风面也可以作为背风面，对来自各个方向的风均有较好的处理效果（图3-1-37）。

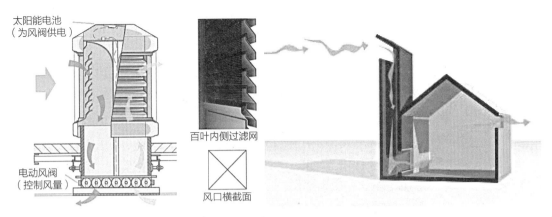

太阳能电池
（为风阀供电）

百叶内侧过滤网

风口横截面

电动风阀
（控制风量）

图3-1-37　现代捕风器与表皮结合示意

（图片来源：网络）

捕风窗

　　捕风窗是在风压作用下通过捕风口的引导作用实现室内的自然通风的，在井内辅之以预热或预冷措施可有效提高捕风窗的季节适应性。捕风窗占用空间很小，不仅可应用于建筑外墙，也可以嵌入建筑内部，布置起来有较高的灵活性。嵌入建筑内的捕风窗通常用于解决大进深建筑通风较为困难的情况，此时捕风窗应与横向腔体相连，以增加空气的流通（图3-1-38）。

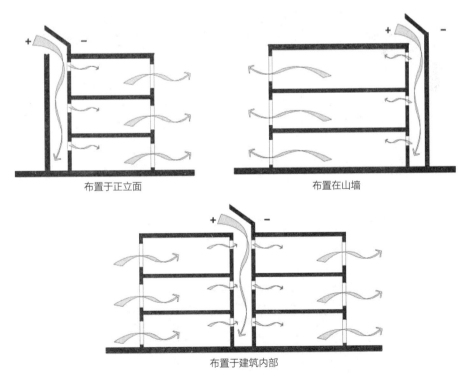

布置于正立面　　　　　　　　　　布置在山墙

布置于建筑内部

图3-1-38　建筑捕风窗工作示意图

案例1：南京岱山初级中学设计

　　体育馆外墙竖向构件为直角三角形，夏季主导风向为东南风，南立面和东立面窗外三角形的方位正好适应东南风的走向，在窗口外形成正压的状态，起到引导气流进入室内的作用；在冬季盛行东北风，北立面与东立面竖向构件的斜板迎向东北风，在窗口外形成局部负压，气流不易进入室内，起到阻挡冬季冷风的作用（图3-2-39）。

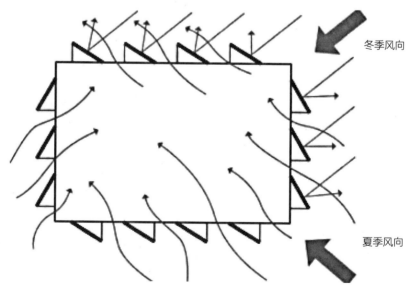

图3-1-39　南京岱山初级中学体育馆外观及通风示意图
（图片来源：建筑技艺2019.1）

案例2：沈丘县东城实验学校教学楼

学校当地夏季盛行东南风，教室南立面针对窗外加导风板和不加导风板进行风场模拟分析。从模拟数据可以看到，设定室外风速3米/秒，当不加室外导风板时，教室内平均风速为0.5~0.9米/秒；当窗外加上导风板时，教室内平均风速为0.9~1.8米/秒。由此可见，导风板的效果较为显著。同时，室外导风板也为教学楼立面造型起到突出的装饰作用（图3-1-40）。

（a）教学楼立面外观

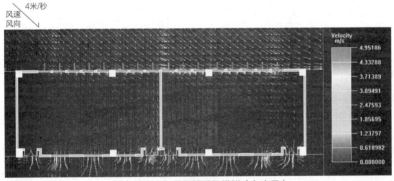

（b）教室不加导风板通风模拟（东南风）

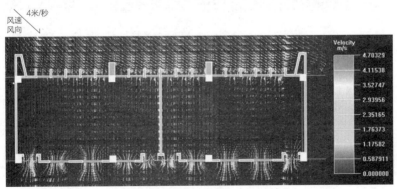

（c）教室加导风板通风模拟（东南风）

图3-1-40　沈丘县东城实验学校教学楼

案例3：郑州旅游职业学院体育馆

因为规划布局的原因，体育馆呈南北走向布置（图3-1-41）。郑州地区夏季盛行南风，风向与东西侧窗几乎呈平行状态，故此体育馆处于不利于夏季通风的格局。为了解决此问题，在每个侧窗的中间增设竖向导风板，以改变侧窗外侧空气压力分布，引导气流进入室内。图3-1-41c、d显示的是东、西侧窗在设置和不设置导风板情况下的自然通风效果模拟对比分析。如图所示，窗口箭头方向的改变和密集的风线都表示侧窗在设置导风板时对侧向来风起到了明显的导风作用，可以看出导风板能够有效改善室内风环境。

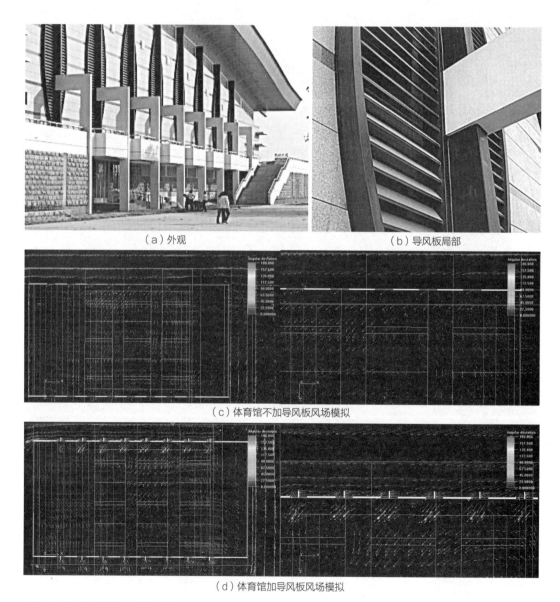

（a）外观　　　　　　　　　　　　　　　　　（b）导风板局部

（c）体育馆不加导风板风场模拟

（d）体育馆加导风板风场模拟

图3-1-41　郑州旅游职业学院体育馆导风板设计

6．围护结构通风散热

自然通风不仅可以用来提高建筑中人体舒适度，还可以在炎热地区或炎热季节通过加强自然通风，有效降低建筑外表面的温度，做到通风散热、降低建筑热负荷的作用。围护结构的通风散热主要通过屋面通风散热和外墙通风散热来实现。

架空屋面

架空屋面是指在建筑屋面之上再附加一层界面，并使建筑的屋顶与附加界面之间预留空气间层，并且保证空气间层中的空气流通顺畅的做法。实现架空隔热屋面具有良好的通风方式包括热压通风和风压通风。其方法是将架空屋面的空气间层开口朝向夏季主导风向，利用风压作用促使空气流动，从而带走屋面的热量；或是利用太阳辐射加热空气间层上表面，使间层内空气受热上行，形成热压通风，带走屋面热量。图3-1-42是几种常见的架空屋面形式。

双层通风屋面

通风屋面是架空屋面的另一种表现形式。其作用机理可以是热压通风也可以是风压通风。通常会在屋面设置空气间层，形成空气可以流通的空腔。附带中庭的建筑可以将通风屋面直接与中庭空间相连，还可以通过设置加热仓、风帽等技术措施来辅助增强热压通风。加热仓与风帽可以使用深色材质，增强吸收太阳辐射的效率，达到增强自然通风的目的（图3-1-43）。

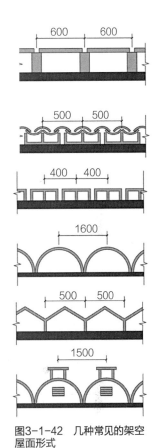

图3-1-42 几种常见的架空屋面形式

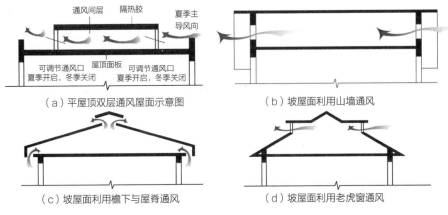

（a）平屋顶双层通风屋面示意图　　（b）坡屋面利用山墙通风

（c）坡屋面利用檐下与屋脊通风　　（d）坡屋面利用老虎窗通风

图3-1-43 通风屋面示意

附加通风屋面

附加通风屋面是由于采用了混合通风技术，其中热压通风作用占主导地位，风压通风为热压通风提供补充促进作用。同时可在出风口设置加热仓和风帽，增强室内烟囱效应的拔风效果，促进自然通风（图3-1-44）。

架空层屋面

架空间层的高度逐渐增加，屋面空气间层也可以转化为架空屋面，成为一种半室外的活动空间，同时兼有通风降温、遮阳及人员活动的多功能构造措施。

双层外墙

建筑外墙多采用双层外墙或双层表皮，利用热压通风在空腔形成垂直气流，与室外空气形成外循环，带走建筑外墙的热量，使建筑降温。

案例1：GSW公司总部

屋顶由横向飘板组成的双层屋面，横向气流穿过弧形的飘板能产生局部负压，起到很好的拔风作用，促进建筑内部空气的流通同时，也成为该建筑的一大亮点。双层幕墙可以调控室内通风，也可以进行外循环，带走建筑外墙热量，实现通风降温的作用（图3-1-45）。

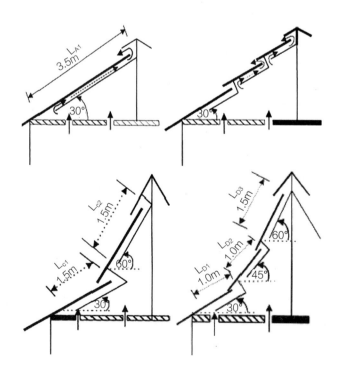

图3-1-44　几种通风降温坡屋面构造做法

出风口

铝合金百叶

电动遮阳板

内层玻璃幕墙

外层玻璃幕墙

进风口

防虫网

双层幕墙通风示意图

典型的外循环式双层玻璃幕墙

图3-1-45　GSW公司总部架空层屋面及双层幕墙
（图片来源：杨帆.《GSW公司总部大楼》）

3.1.3　建筑防风策略

建筑避风策略主要是应对冬季寒风及高层建筑导引下沉风对人的侵袭所造成的不适感，避免因抵御这种不适感造成过多的耗能。故建筑设计需兼顾防风设计。

基于防风考虑的建筑形体有形体围合、边角流线处理，还可设计防风裙楼；高层建筑还需要降低高处风速对建筑产生过大的风荷载的问题，可以通过高度错动、设置风通道、流线形体来降低影响（图3-1-46）。

严寒及寒冷地区建筑设计应考虑避免冬季风的侵袭，获得舒适的风环境，并减少能源的消耗。将建筑主要活动的庭院、广场和入口空间置于夏季主导风的下风向，获得舒适的通风环境。通过建筑形体围合、建筑遮挡，以及挡风设施等措施减少冬季冷风的侵扰（图3-1-47）。

由于转角效应，风速在建筑转角处的风速会提高，冬季风吹向建筑受到阻挡后向两侧扩散，并在建筑转角处形成局部的高风速区，即转角效应，影响建筑边角活动空间使用舒适度。应对转角效应的方法可以选择对建筑边角做流线软化处理，使风到达建筑边缘能够贴合建筑表面流动，减小阻力和风压差，缓解风速。

通过模拟分析，可以看出将建筑边角圆弧处理，使建筑转角处风压差减小，降低边角气流速度的效果显著（图3-1-48）。

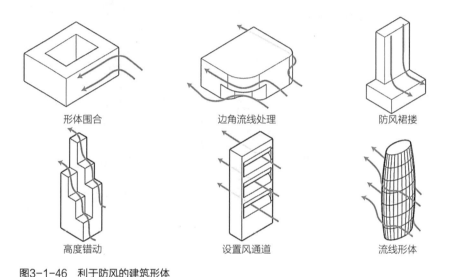

形体围合　　　　　　　　边角流线处理　　　　　　　　防风裙摆

高度错动　　　　　　　　设置风通道　　　　　　　　流线形体

图3-1-46　利于防风的建筑形体

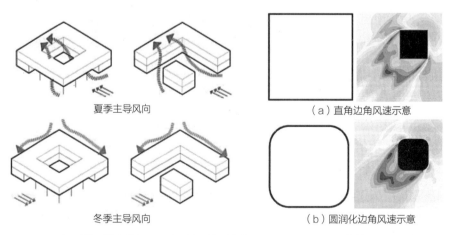

夏季主导风向　　　　　　　　　　　　　　　　（a）直角边角风速示意

冬季主导风向　　　　　　　　　　　　　　　　（b）圆润化边角风速示意

图3-1-47　利于建筑形体自然通风及防风的形体示意图　　　图3-1-48　转角效应风速示意

高层建筑高处的风速大，遇到建筑阻挡会形成快速的下沉风，直接冲击地面人员活动区域，影响室外场地的舒适性。解决的办法可以在高层的底层周围设置防风裙楼，缓冲从上而下高速下沉风；建筑体量自下而上逐层退台，以此削减高空风速大的区域对建筑下部的影响，降低建筑的迎风荷载；在主入口或人员活动频繁的场地上方设置宽大的水平雨棚，有利于建筑防风（图3-1-49）。

设置风通道是在高层建筑的迎风面挖出前后贯通的通道，使高处的风可以从建筑表面直接通过，直接减少风对建筑的冲击，降低风荷载。

图3-1-49 大雨棚可以阻挡高层建筑立面下沉的高速风
（图片来源：网络）

案例1：南京青奥中心

建筑裙房部分采用局部架空的形式，提高了建筑室外交通便捷性的同时，使室外场地与裙房内庭院的风环境得到改善，通过参数化的处理使建筑转角圆滑自然过渡，降低室外风在建筑转角处风速加强的情况（图3-1-50）。

图3-1-50 南京青奥中心
（图片来源：网络）

案例2：韩国首尔爱茉莉太平洋总部

大楼的体量是围绕中央庭院四面围合的形式。为了使每层楼都得到充足的自然通风。大楼体量在不同朝向的面上做了三个大开口，一方面提供了面向远处的群山和城市景观的视野，另一方面为内部中央庭院形成足够的风压，以实现自然通风，同时也为建筑迎风面卸去大量的风荷载，降低了结构建造成本（图3-1-51）。每一个区域都与大开口中的其中一个露台花园相连，为员工提供休息娱乐的空间。开口内的露台花园则把绿色和自然引入至大楼内部。

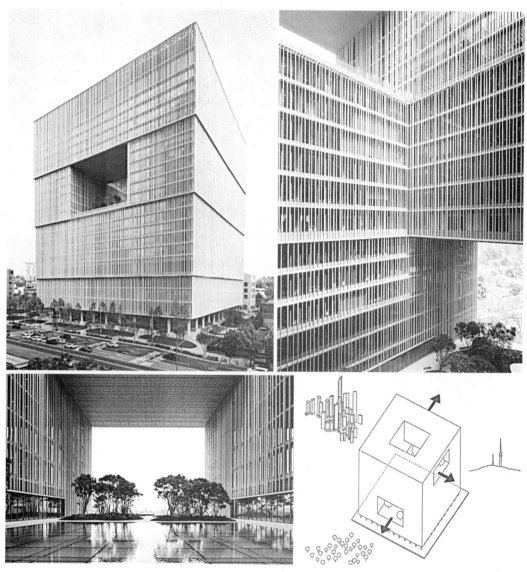

图3-1-51　建筑立面开洞降低风荷载
（图片来源：DCAShanghai David Chipperfield Architects 公众号）

3.2 采光与遮光

3.2.1 采光

进入建筑空间内部的光线主要有三种：来自太阳经过大气层的直射光线；经天空散射、周围物体、地面等反射到室内的光线；进入室内的自然光经室内的墙体、天花板和其他内部表面反射光线（图3-2-1）。反映在建筑采光形式上主要包括直射光、反射光、折射光、散射光及光导采光等。

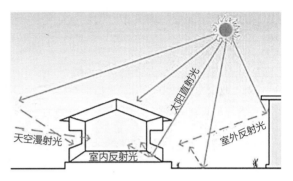

图3-2-1 建筑内部自然光线的组成

1．直射光采光

直射光是指建筑利用透明材料将室外的自然光引入室内，形成良好的室内光环境的做法。直射光可以达到对自然光的高效利用，有效地减少建筑的能耗。我们通常可以通过调整建筑布局朝向、开窗比例，利用中庭侧高窗以及天窗的方式来使建筑获取想要的直接自然采光。进入室内的直射光主要包括侧窗直射光和天窗直射光等。

1）侧窗采光

侧窗采光便于实施而且构造简单，是最常用的自然采光方式。根据采光口的位置可分为高侧窗和低侧窗；根据采光面的数量，可分为单侧采光和双侧采光等。双侧采光相比单向采光能够使室内采光更加均匀且充足，但容易受到功能空间的限制而不能实现，单侧采光则比双侧采光更容易实现。低侧窗与高侧窗常常设置于对光线有特殊要求的空间，采用低侧窗室内的照度的均匀性较差；而高侧窗利于光线照射到室内空间较深的部位，且照度较为均匀。

寰岛中学美术教室与舞蹈教室设置的是高侧窗（图3-2-2）。由于美术教室与舞蹈教室的特殊性，采用了高侧窗使室内光环境更加均匀、稳定、舒适。

2）天窗采光

当建筑体量过大且侧窗采光不能满足室内采光要求时，可利用天窗采光对室内进光量进行补充。与侧窗相比，天窗具有采光效率高，不易引起眩光，采光更加均匀，便于利用采光井、中庭空间等。但由于天窗位置的特征，它也具有一些缺陷，如不易采取遮阳措施，没有直接向外的视野等。常规类型包括了平天窗、垂直天窗以及锯齿形天窗（图3-2-3）。

图3-2-2 寰岛中学美术教室与舞蹈教室高侧窗
（图片来源：网络）

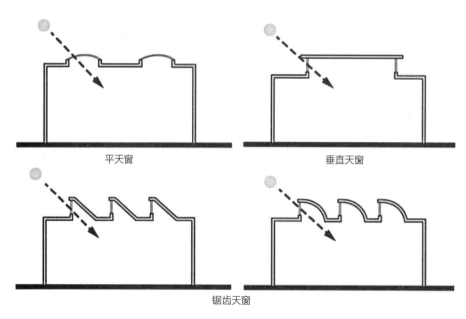

平天窗

垂直天窗

锯齿天窗

图3-2-3 天窗形式

案例1：安徽大学艺术与传媒学院美术楼

由于学院不同使用者对空间采光要求的不同，建筑运用了多种天窗形式来满足室内空间对光照的要求，锯齿形天窗、平天窗、高侧窗、采光井等丰富的开窗形式，使得建筑立面形式独特，富有节奏（图3-2-4）。

图3-2-4　安徽大学艺术与传媒学院美术楼

（图片来源：网络）

案例2：南京中丹生态城绿色灯塔

南京绿色灯塔是中国与丹麦合作的示范项目，设计灵感来自丹麦哥本哈根的绿色灯塔。建筑通过顶部和四周全方位采光，高效节能，通过可持续和创新的建筑设计方法达到平衡，日后将用作园区高新规划展示馆使用（图3-2-5）。

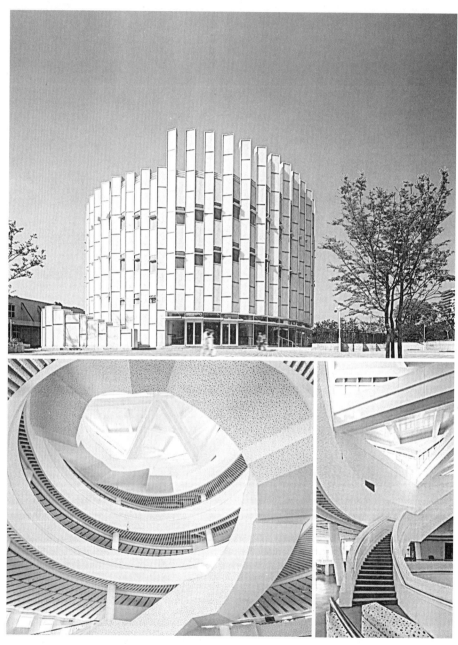

图3-2-5　南京中丹生态城绿色灯塔
（图片来源：网络）

案例3：丹麦·SOLTAG示范住宅

建筑为了尽可能多地引入光照，除了大面积的落地窗外还在倾斜的坡屋顶上开窗，倾斜面引入的光是垂直面的两倍，所以在坡屋顶上开窗是采光的理想位置（图3-2-6）。

图3-2-6 丹麦·SOLTAG示范住宅
（图片来源：网络）

案例4：苏州博物馆

苏州博物馆新馆采用高侧窗的采光方式，屋顶的立体几何形天窗和其下的斜坡屋面形成了一个又一个折角，呈现出一个优美的三维立体造型效果，木贴面金属遮光条的运用，分隔了从玻璃屋顶直射入内的光线，使得光线有层次地从多个角度射入，避免了采光死角，弱化了强光，提高了采光系数（图3-2-7）。

图3-2-7 苏州博物馆高侧窗
（图片来源：网络）

案例5：格拉斯哥艺术学院里德大楼

斯蒂文·霍尔建筑师事务所的设计策略受到了麦金托什利用建筑剖面关系创造出无限光线变化的启发，采用半透明材料建成。建筑内部刷白墙并设置反光板使建筑内部光线柔和、分布均匀。

空间的设计不仅体现了相互依赖的关系，还反映出它们对不同自然光线的需求。工作室位于朝北的斜面上，能够最大限度地获取理想的高质量自然光。那些对采光要求不高的食堂和办公室就设置在南面，太阳光能够良好地平衡使用者的需求和空间的热效应。

　　"光驱动空间"更有利于整合结构、空间调制和光线。光轴通过建筑与外界的直接接触来传递自然光，也可以通过改变亮度和天空颜色的深度。另外，建立了垂直环流，以降低对空调的需求（图3-2-8）。

图3-2-8　格拉斯哥艺术学院里德大楼
（图片来源：网络）

3）利用中庭、边庭采光

利用中庭及边庭采光的方式在公共建筑中比较常见。严格意义上讲，利用中庭和边庭采光的方式对于一些封闭房间来说属于间接采光，多用于内部有中央空调及全新风系统的建筑。

中庭空间一般具有采光、通风与遮阳等技术特征。根据中庭在建筑中分布位置的不同，可以分为核心式、嵌入式、内廊式、边庭式、周边式以及并联式等（图3-2-9）。

核心式是将中庭处布置于建筑的中心位置，其他功能空间围绕中庭环绕式布置，达到向心凝聚的空间体验。

嵌入式为中庭放置在建筑的某条边界上，中庭的一条边可直接对外采光，建筑功能以"U"形将中庭三面包裹，形成较为内向型的空间。

内廊式是以线性布置的方式分布的中庭空间，具有强烈的导向性与空间感，是两段或多段建筑体块间的缓冲连接部分。内廊式中庭可以看作是核心式中庭向两侧线性的延伸，空间的两侧可与室外环境直接联系。

边庭式是将中庭空间整体布置于建筑形体的一边，中庭空间内可获得来自三面墙体的直接采光，还可以延伸至屋面利用顶部采光，是动态的中介性空间，同时边庭式中庭还能作为室内与室外之间的缓冲空间，降低室外气候对室内环境干扰的同时增强采光与通风，开敞性、识别性较强。

周围式是利用幕墙等体系形成表皮系统，将建筑主体整个包裹在中庭空间之下，建筑主体与表皮之间的空腔可以形成贯通连续的空间。此时表皮系统就代替了原建筑形体的立面形式，表皮材料的选择可直接影响室内空间的自然采光与自然通风效果。

并联式是由于功能的需要，由多个中庭空间分散、穿插布置的多中庭布局模式，中庭可根据大小与功能分主要、次要或同等级并列分布，中庭与中庭之间通过交通空间相联系，构成建筑内部多层次的开放式空间体系。

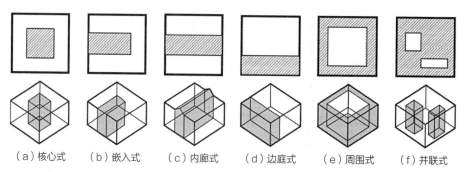

（a）核心式　　（b）嵌入式　　（c）内廊式　　（d）边庭式　　（e）周围式　　（f）并联式

图3-2-9　中庭空间形式
（图片来源：作者自绘）

2. 反射采光

当直射光不能满足室内采光要求，或是室内使用功能不宜有直射光时，可以利用反射光或折射光来增加室内照度，获得更为均匀的采光效果。例如，大进深房间可以通过反光板将光线反射到房间的深处，改善大进深房间采光不足的问题。教室、图书馆等空间内在满足照度情况下尽量保持照度均匀，才更有利于使用要求，提高光照视觉舒适度。博物馆、展览馆等展示空间出于保护展品、防止眩光、提高观赏舒适等要求，这些空间在设计上尽量避免直射光，采用反射光会达到更理想的效果。体育比赛场馆内也要尽量避免直射光打入比赛场地，以防对比赛人员产生眩光，影响比赛。用折光玻璃也可以将光线反射到房间的深处，由于受材料等方面的制约，折射光应用得并不常见，在此不多赘述（图3-2-10）。

1）侧窗反射光

反射光是依靠反射面来产生的。通常会根据需要，在合适的位置应设置反射板完成直射光的反射。反光板是设置于采光口的高反射率挡板装置，可放置于室内外两侧，一般位于视线上方。较适用于建筑的南侧朝向，其工作原理是改变太阳直射光的路径，将其反射至室内顶棚，再由室内顶棚反射到室内直射光线不容易到达的地方，以此增大室内深处的采光，同时降低眩光概率，使室内采光更加均匀（图3-2-11、图3-2-12）。

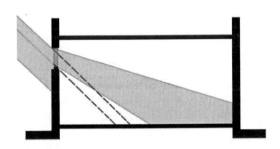

图3-2-10 利用折光玻璃高侧窗采光示意图

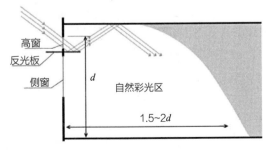

图3-2-11 利用反光板改善室内采光

图3-2-12 反光板做法示意图
（图片来源：SUN·WIND & LIGHT,
G.Z.Brown and Mark Dekay）

反光板在室外时多采用竖向反光板和横向反光板，且反光板通常兼有遮光和反光的作用。反光板一般设在屋顶以及立面窗口附近。在窗口西侧设竖向反光板，上午太阳高度角较低时，西侧竖向反光板可以有效增加反光面积，提高室内照度；下午太阳向西，高度角降低时，反光板遮挡太阳光对于室内照射，起到了防西向眩光的遮光作用（图3-2-13）。反光板位于南向窗中上部，可以有效遮挡正午前后的太阳直射光线，而且通过外窗上端反光板的反射可以将一些太阳反射光线引入室内（图3-2-14）。为了提高房间深处的照度，将反光板设置在南向窗口的下端，通过反射，可以更大程度地将太阳光反射引入室内更深远的部位，进而解决大进深房间室内的照度。但这种形式应考虑低位反光的眩光问题（图3-2-15）。

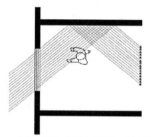

（a）无反光板太阳光线平面分析图　　　　（b）西侧竖向反光板太阳光线平面分析图

图3-2-13　窗口西侧无反光板和有反光板的光反射对比示意

（a）无反光板太阳光线平面分析图　　　　（b）窗上方水平反光板太阳光线剖面分析图

图3-2-14　冬季窗口上下反光板的光反射示意

 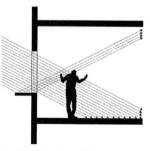

（a）夏至日太阳光线剖面分析图　　　　（b）冬至日太阳光线剖面分析图

图3-2-15　夏季窗口上下反光板的光反射示意

不同形式的反光板会产生不一样的采光效果。凸面反光板相比平面反光板，反射光线到达空间深处的能力更强；凹面反光板反射的距离则较近，但反射光线较为集中，可以根据空间对光照需求的不同，调节反光板的弯曲程度来达到理想的采光效果（图3-2-16）。

较为常用的方式是把采光窗一分为二，形成上部的反光高侧窗与下部的观景窗，中间设置反光板（图3-2-17）。既可以避免对人眼产生眩光，又可以减少对视线的遮挡，获得良好的反射光效果。采用这种水平反光板的方式时，反光面上采用了高反射比的涂料，可以使更多的光线反射到顶棚上，增加射向顶棚的光通量，而顶棚此时可以成为第二光源将光线再次反射，用来照亮距离窗户较远的室内深处。

设置水平反光板的方法有很多，上置式比较常见，如图3-2-17。也有下置式，如设置出挑窗台（图3-2-18a），但是这种方式反射的光线会穿越人眼可视范围，容易造成眩光，故此较少采用。

水平反光板是侧窗采光常用的方式，这种方式做法简单，采光效果比较突出。然而，水平反光板的不足之处是延展面积大，对室内空间产生压抑感。

百叶式反光板则克服了上述水平反射板的问题，将水平反射板分解后竖向展开，既延续了水平反射板的优点，又弥补了占用空间较大，使空间的压抑感减弱（图3-2-18b）。

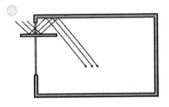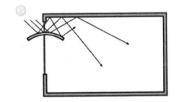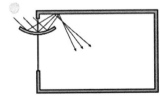

图3-2-16　不同形状的反光板

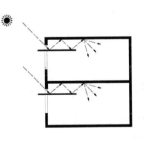

图3-2-17　窗口上部水平反光板及实际应用

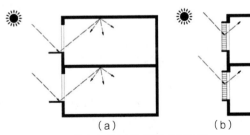

（a）　　　　　　　　（b）

图3-2-18　出挑窗台反光板与百叶式反光板

可调节式百叶反光板角度可以随太阳高度角的变化而变化，也可以随使用者的需要进行角度调节，较为灵活（图3-2-19）。百叶式反光板使用时应控制百叶下垂高度，不宜低于人的视线高度，否则会影响室内向外的观景体验（图3-2-20）。

百叶式反光板的另一种改良形式是将平面百叶变形为弧形百叶。由于百叶排布比较密集，每片之间上下间距小，当夏季太阳高度角呈近似垂直时，阳光受遮挡，有效反光面减小，影响实际采光效果。弧形百叶式反光板能克服这一不足，弧形表面可以接受不同高度角的太阳光线，实现较为理想的反射效果（图3-2-21）。

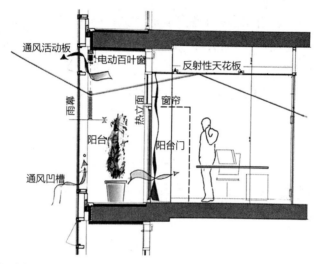

图3-2-19　百叶式反光板置于幕墙内侧
（图片来源：纪雁，（英）斯泰里亚诺斯·普莱尼奥斯. 可持续建筑设计实践［M］. 北京：中国建筑工业出版社，2006.）

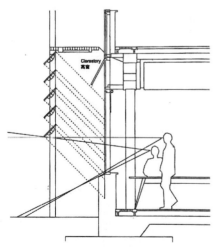

图3-2-20　百叶式反光板宜控制在视线以上
（图片来源：纪雁，（英）斯泰里亚诺斯·普莱尼奥斯. 可持续建筑设计实践［M］. 北京：中国建筑工业出版社，2006.）

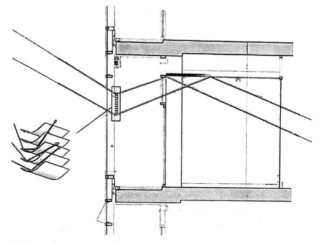

图3-2-21　弧形百叶式反光板可以反射不同高度角的太阳光线
（图片来源：纪雁，（英）斯泰里亚诺斯·普莱尼奥斯. 可持续建筑设计实践［M］. 北京：中国建筑工业出版社，2006.）

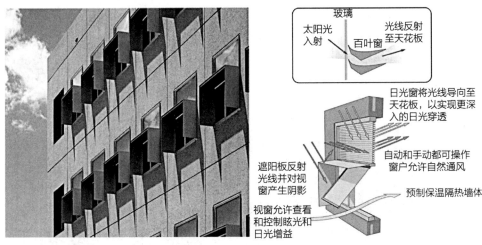

玻璃

太阳光 入射 | 光线反射 至天花板

百叶窗

日光窗将光线导向至 天花板，以实现更深 入的日光穿透

遮阳板反射 光线并对视 窗产生阴影

自动和手动都可操作 窗户允许自然通风

视窗允许查看 和控制眩光和 日光增益

预制保温隔热墙体

图3-2-22　适应多角度入射光的百叶式反光板
（图片来源：网络）

在上述弧形百叶反光板的基础上，经过计算机模拟分析不同太阳高度角，都能最大程度将光线反射进室内，得出若干条截面形状为"√"形的反光板，衔接成垂直布局的百叶式反光板（图3-2-22）。不论夏季还是冬季，早晨或者下午，太阳光照射在精确制作的遮阳片上之后都会反射到房间里的天花板上，为室内提供充足的自然采光。

案例1：建筑工业养老保险基金会扩建项目

在建筑工业养老保险基金会扩建项目中，在建筑外表皮上，建筑师赫尔佐格设计了精巧的片状金属遮光反光板，根据需要调节角度，用不同的部位发挥着不同的功效。在北立面太阳照度较弱，光线没有那么强烈，这种构件可以起到反光板的作用，将光线引入室内（图3-2-23b）；而在阳光强烈的南立面的构件则可以转到垂直方向起到遮光的作用。根据不同的季节、一天不同的时段及不同的气候条件进行自动调节，展示了采光与遮光的协调转换（图3-2-23a、c）。

当南向强光直射时，会造成室内眩光，首先需要解决如何有效遮挡强烈的太阳直射光线，其次要考虑如何将太阳光线反射到室内深处，解决室内照度不均的问题。解决方案是以两个联动的镰刀形遮光板（反光板）调整角度，上部遮光板转动至垂直角度，遮挡阳光；此时，上部遮光板尾部的反光器正好处于水平状，与下部趋于水平的反光板共同将光线反射到室内天花板，进而反射到室内深处。一组遮光反光构件协同作用，同时解决室内遮光和补光的需求（图3-2-23d）。

当光线不足时，两片遮光板同时调整到水平向上倾斜状态，这种状态一方面对阳光的遮挡最小，另一方面上部能同时起到向室内深处反光的作用，到达采光效率最大化的目的（图3-2-23e）。双镰刀式遮光板的设计在满足遮挡直射眩光的同时，也实现了自然采光效率最大化的目标。

（a）南侧窗外双层可调节反光板　　　　　　　（b）北侧窗外固定式反光板

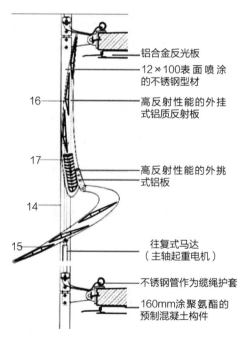

铝合金反光板
12×100表面喷涂的不锈钢型材
16　　高反射性能的外挂式铝质反射板
17　　高反射性能的外挑式铝板
14
15　　往复式马达（主轴起重电机）
不锈钢管作为缆绳护套
160mm涂聚氨酯的预制混凝土构件

（c）双层可调节反光板构造做法

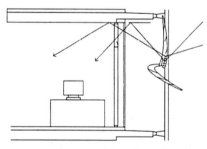

（d）南向强光时双层反光板工况

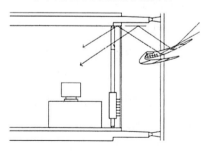

（e）弱光时双层反光板工况

图3-2-23　建筑工业养老保险基金会扩建项目反光板
（图片来源：网络，建筑工业养老保险基金会扩建项目——生态建筑案例）

案例2：汉诺威2000年世博会26号馆

在汉诺威26号展厅的设计中，为了使高大的展览空间获得均匀的自然光线，赫尔佐格在北向表皮中布置了大面积高反射比的反光百叶，使得光线通过百叶反射到展馆室内屋顶上巨大的反射板，从而引入更远的区域，使室内获得了均匀明亮的自然采光效果（图3-2-24）。

2）顶窗反射采光

顶窗反射光主要有天窗反射及中庭顶窗反射两种形式。天窗反射光又有多种反射形式（图3-2-25）。

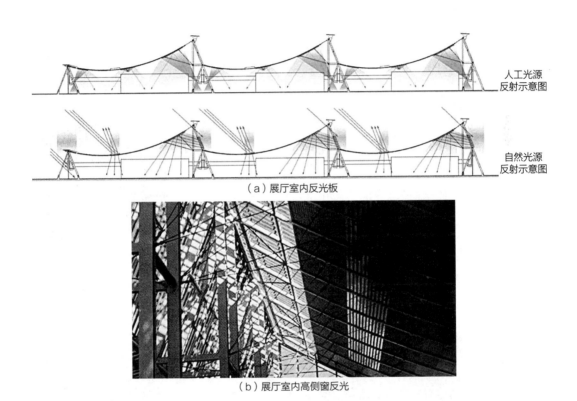

（a）展厅室内反光板

（b）展厅室内高侧窗反光

图3-2-24　汉诺威26号展厅
（图片来源：网络）

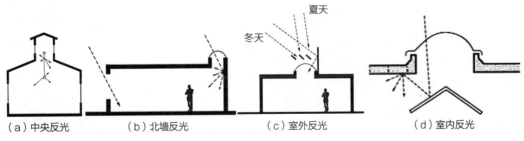

（a）中央反光　　　　（b）北墙反光　　　　（c）室外反光　　　　（d）室内反光

图3-2-25　天窗反射采光形式
（图片来源：冉茂宇等. 生态建筑［M］. 武汉：华中科技大学出版社，2008.）

高低错层的建筑，天窗可以接收较低屋面反射光，获得反射采光的效果。较低侧屋面可以采用高反射比的材料，由于屋面面积不受反光板面积尺寸的限制，反光能量足够大，因而可以获得满意的反射采光效果（图3-2-26）。

3）中庭反射采光

中庭顶部开窗，可以将自然光引入建筑内部，避免由于建筑进深过大产生的建筑室内内侧采光不足引起的照度分布不均匀。除了顶部直射光外，更多的是靠中庭反射光解决采光照度问题（图3-2-27）。

简单的中庭反射光依靠中庭内侧墙面、挡板等部位反射，由于没有专门的光线反射设计和措施，反射采光的效果一般，这种方式比较适合层数较低的房屋（图3-2-28）。

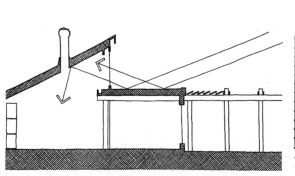

图3-2-26 通过屋面反射的天窗反射采光
（图片来源：网络）

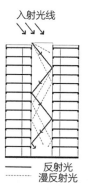

图3-2-27 中庭反射采光
（图片来源：网络）

图3-2-28 哥本哈根大学"绿色灯塔"顶部采光
（图片来源：克里斯坦森建筑设计事务所）

4）辅助构件天窗采光

天窗采光辅助构件是利用反光板、挡板、反射体等构件控制或调节室内自然光的进光量的技术构件。这些构件可以改变自然光的照射方向，使光线可以改变照射角度，到达需要的表面，也可增大照射面，还可利用漫反射的原理，降低眩光概率，形成照度稳定的室内环境。

反射装置可以通过自身改变光照方向，室内室外均可设置。设置在室内的反射装置一般布置在天窗

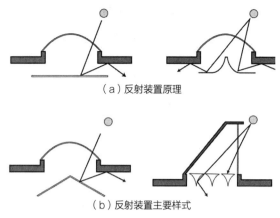

（a）反射装置原理

（b）反射装置主要样式

图3-2-29　反射装置的原理与样式
（图片来源：作者自绘）

的下方，光线通过天窗经由反射装置反射至室内顶棚，再通过顶棚反射到达室内，经过多次反射的光线，分布会更加均匀，使室内光环境更加稳定（图3-2-29）。

案例1：金贝尔美术馆

建筑空间的塑造和表达，离不开自然光的作用，而光的设计又与光的入射方式和承接光的界面形态息息相关。在金贝尔美术馆中，路易斯·康创造了一套由条形采光窗、人字形反光板、摆线形漫射拱顶组成的采光系统。弧形反光板可将阳光漫反射到室内两个弧形让光反射两次，阳光被照射到粗糙的拱顶表面，再反射到室内的各个角落，刺眼的阳光也因此变得柔和，使展览类建筑室内展览空间得到了难得的自然光（图3-2-30）。

图3-2-30　金贝尔艺术博物馆外观及室内顶棚反光板
（图片来源：网络）

在光的反射现象中，根据反射面的粗糙与光滑程度，可分为镜面反射与漫反射，在实际反光使用中多以漫反射为主，即平行的入射光线射到粗糙的表面时，表面会把光线向着四面八方反射，从而引向室内（图3-2-31）。

置于室外的反射装置，可以将从室外直接将光线照射入建筑的路径改变。如图3-2-32所示，描述了设置室外反光板的两种方式。对于遮挡早晨和下午太阳高度角低的直射光，可将反光板设置在东向和西向，将反光板设置在南侧，可以遮挡全天的太阳直射光，在北侧则可设置反光板用来反射从南侧照来的太阳光，将其引入室内，增加室内采光量。

对于南北朝向的建筑，在北窗的北侧设置反光体，可以反射直射阳光以增加北侧窗户的采光，对于东西朝向的建筑，上午太阳位于建筑东侧，建筑西侧反光板可以将太阳直射光反射入西侧窗内；而下午太阳位于建筑西侧，西侧反光板可遮挡西向阳光，防止西晒和眩光，东侧反光板可以将太阳光反射到东侧窗内，以此来改善室内采光不足的问题（图3-2-33）。

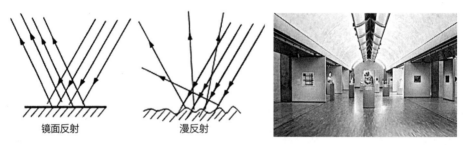

图3-2-31　反射原理及金贝尔美术馆的顶棚漫反射采光
（图片来源：网络）

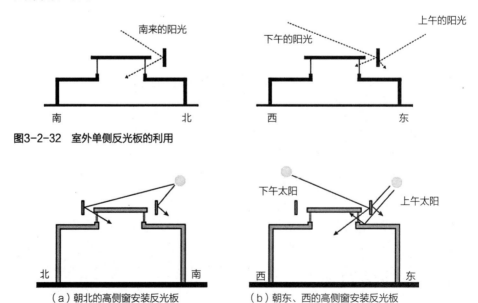

图3-2-32　室外单侧反光板的利用

（a）朝北的高侧窗安装反光板　　（b）朝东、西的高侧窗安装反光板

图3-2-33　室外双侧反光板的利用

案例2：德国国会大厦改建工程

国会大厦的改建工程力求将自然光线引入大楼，设计了巨大的玻璃穹顶，以帮助捕捉和反射阳光到建筑内部。穹顶内椎体上的反光板能够将自然光漫射入议会大厅内部，上面安装有太阳追踪装置以及可以调整的遮阳系统，在提供充分的、柔和的自然光线照明的同时防止太阳的热辐射给室内增加热负荷（图3-2-34）。

当在中庭上方设置反光板时，利用反光板、挡板、反射体等构件控制或调节室内自然光的进光量，增加底部采光。这些构件可以改变自然光的照射

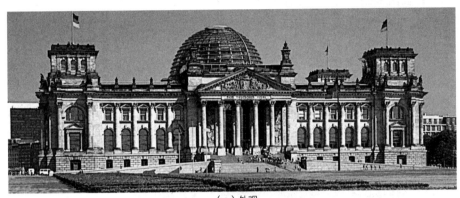

（a）外观

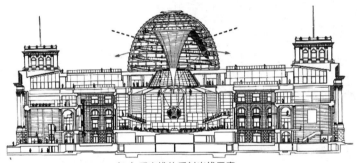

（b）反光椎体反射光线示意

（c）反光椎体

（d）议会大厅室内

图3-2-34　德国国会大厦改建工程反射光的运用
（图片来源：永续绿建筑，台湾建筑，2002）

方向，使光线可以改变照射角度，到达需要的表面，也可增大照射面，还可利用漫反射的原理，形成照度稳定的室内环境。

案例3：美国GENZYME中心

美国GENZYME中心在追求自然采光方面做了大胆的尝试。除了利用玻璃幕墙反光板获得自然光外，在中庭做了一系列自然采光辅助照明系统的设计。中庭天窗上方的太阳光折射系统把自然光折射入建筑底部。当感光器感应到某个区域有足够的自然光，人工照明就逐渐自动调暗直至关闭，节约了能耗。中庭内的自然光是通过屋顶北部安装的7个日光定向反射器以及一系列安装在南部的固定镜子反射进来的。中庭的屋顶安装了一个带有棱镜的遮阳系统，能够有效地控制反射和漫射入建筑的进光量，控制直射阳光进入中庭（图3-2-35）。

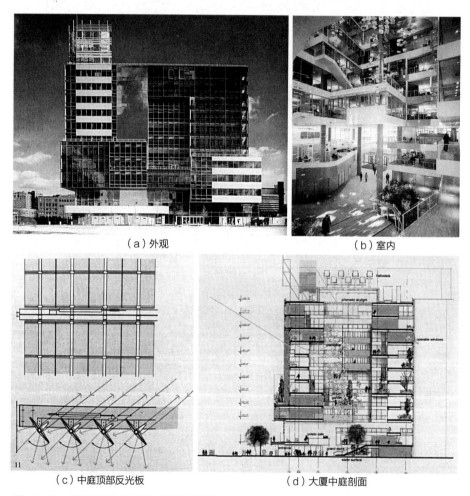

（a）外观　　　　　　　　　　　（b）室内

（c）中庭顶部反光板　　　　　　（d）大厦中庭剖面

图3-2-35　美国GENZYME中心反射光设计

（图片来源：纪雁，（英）斯泰里亚诺斯·普莱尼奥斯. 可持续建筑设计实践［M］. 北京：中国建筑工业出版社，2006.）

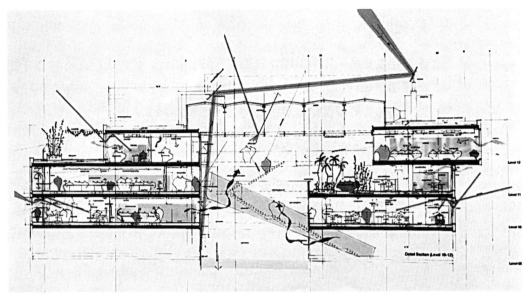

（e）中庭上部镜面反射光示意1

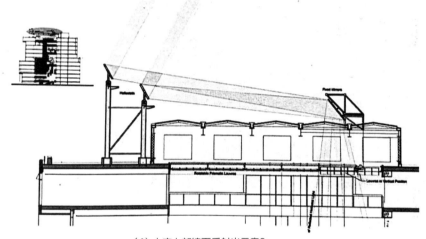

（f）中庭上部镜面反射光示意2

（g）室内 　　　　　　　　　　　　　　（h）玻璃折射体

图3-2-35　美国GENZYME中心反射光设计（续）

（图片来源：纪雁，（英）斯泰里亚诺斯·普莱尼奥斯. 可持续建筑设计实践［M］. 北京：中国建筑工业出版社，2006.）

3. 透射光采光

透射光主要是采用半透明材料做建筑维护结构，像加入导光材料的混凝土、半透明玻璃砖、PC阳光板等材料以及玻璃镀膜的方式，在避免直射光太强烈的同时又可以保持建筑的通透性（图3-2-36）。

案例1：巴塞罗那临时市场——妙绝五角形街市

建筑由6个高度与大小不同的五角形建筑物组成，建筑物之间有通道相连，外墙采用半透明U型玻璃做围护结构，日间建筑呈现纯白色，晚间则会透射出室内的灯光，给城市带来丰富的活力。白天，阳光透过半透明U型玻璃进入室内，达成自然采光的目的（图3-2-37）。

图3-2-36 半透明PC阳光板材料

图3-2-37 妙绝五角形街市半透明U型玻璃
（图片来源：网络）

案例2：天津天友绿色设计中心

天友绿色设计中心作为天友建筑的设计总部，将一座多层电子厂房从平庸而高耗能的建筑改造为小于500千瓦小时/年（$kWh/m^2 \cdot a$）、达到国际先进水准的超低能耗绿色办公楼。建筑的遮阳板与外端也采用了PC阳光板半透明材料，提高室内自然光照。夜晚，室内灯光透射到室外，成为城市的景观亮点（图3-2-38）。

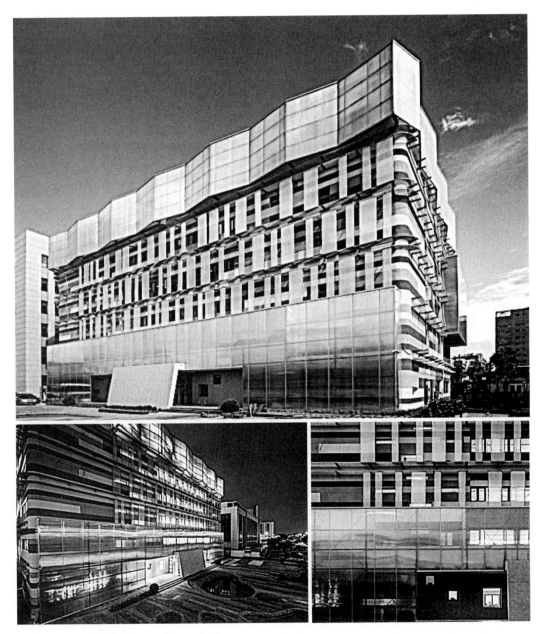

图3-2-38　天友绿色设计中心采用PC阳光板
（图片来源：网络）

案例3：加州大学伯克利分校环境设计学院

　　设计团队是由美国加州大学伯克利分校建筑学系的六位研究生所组成，其中有四位中国人，两位美国人，建筑以小断面木材组合成较大断面的复合柱并结合半透明PC阳光板建成（图3-2-39）。

图3-2-39　加州大学伯克利分校用PC阳光板建成小型建筑
（图片来源：网络）

案例4：2010年世博会意大利馆

2010年世博会意大利馆使用了普通混凝土和玻璃纤维两种成分融合的新型透明混凝土建筑材料。光线透过不同玻璃质地的透明混凝土照射进来，营造出影影绰绰的色彩效果，亦节约了室内灯光的能源。室内外透明的光影效果，令人记忆深刻（图3-2-40）。

图3-2-40 2010年世博会意大利馆透明混凝土

（图片来源：网络）

图3-2-41 日本广岛玻璃砖住宅
（图片来源：网络）

案例5：玻璃砖住宅

项目位于日本广岛。建筑师中村拓志用6000多块玻璃砖构成沿街立面，为建筑营造出私密空间。透明的玻璃墙是最好的光影幕布，静态的城市建筑、动态的车辆行人，这些动静影像叠加，让玻璃砖住宅的立面更加丰富（图3-2-41）。

案例6：郑州旅游职业学院体育馆

体育馆自然采光的重点放在屋顶采光上。该馆在曲面屋盖上对应室内比赛场地上方设置了九个半透光的锥形张拉膜顶。创造出比赛场地照度高、两侧观众席照度较低的良好视觉环境，这样既满足了比赛区域的采光照度需求，又为观众观看比赛创造了有利条件（图3-2-42）。体育馆所选膜材料具有50%以上的透光率，白天完全可满足场地内的采光照度，大大降低了使用过程中的照明所耗电量。

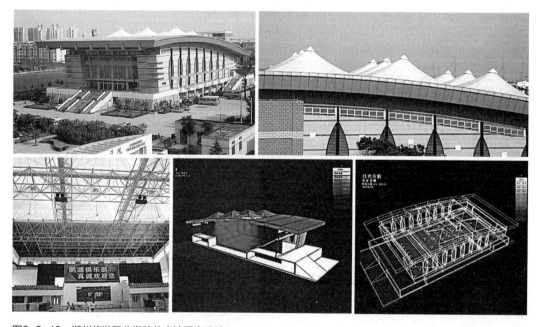

图3-2-42 郑州旅游职业学院体育馆采光设计

4. 光导采光

1）光导采光概述

光导采光主要是指用光导管或光导纤维将室外光传入室内，改善室内光环境（图3-2-43）。光导管主要由日光集光器、传输光的管体和室内出光口三部分组成，集光器有固定和移动之分，移动的集光器可以跟踪太阳轨迹，最大限度地收集日光。光纤照明是指通过室外的集光器采集光线，然后由光导纤维传送到室内，最后有室内的发光体将光线均匀地照射在室内各个角落。

光导管由透明半球形集光装置、内壁能够反射光线的光导管和光线输出端子组成，带光管因为是空心管道，通过光线的反射传输，所以能够根据需要适度拐弯，且造价低廉。因为光线在光导管传输的过程中有一定的衰减，所以光导管的长度不宜过长，一般以2.4米以内为宜。光导管收集器直径一般在20~70厘米之间，所以对屋顶绿化的破坏较少，透明的光导管半球状收集器甚至会成为绿化景观的一部分（图3-2-44）。

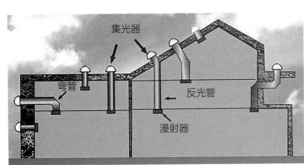
（a）光导管采光示意图

（b）光导纤维采光示意图

图3-2-43 光导采光
（图片来源：网络）

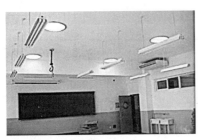
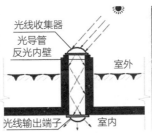

图3-2-44 光导管照明
（图片来源：网络）

2）光导采光案例

案例1：清河高铁站台

清河高铁站采用了LED灯和光导照明灯协同照明的设计方案，在候车站台顶部安装了导光管系统。利用光导照明系统能够在日间收集阳光导入到底层空间的特点，在不适用电能的情况下解决日间照明的需求。同时在夜间开启LED灯光为人们夜间乘车提供照明（图3-2-45）。

案例2：清华大学低能耗示范楼

示范楼地下室的日间采光运用了光纤采光照明系统。示范楼南侧有3个彩色立柱，其上安装自动跟踪太阳光的透射式采光机。这种采光机能自动跟踪太阳，进行阳光采集，再通过光纤传导，就能把太阳光引进地下室（图3-2-46）。

图3-2-45　清河高铁站台导光管照明
（图片来源：网络）

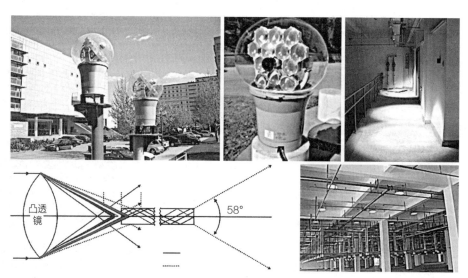

图3-2-46　清华大学低能耗示范楼光导纤维导光
（图片来源：网络）

3.2.2 遮光

遮光主要指建筑中为避免太阳光过量照射引起视觉不适而采取的措施。

遮光与遮阳是两个不同的概念。遮光设施与遮阳设施在形式上有相似之处，都是为遮挡阳光而采取的措施，因此，多数情况下遮光与遮阳是合二为一的，但又不尽相同。遮光主要解决人视觉范围内的太阳光照度符合功能需要和舒适要求，避免过强的照度及照度不均匀而产生眩光的问题。因此，遮光设施相对于人眼的位置可以远也可以近，可以连续也可以分散，可以不透光也可以半透光，可以在室内也可以在室外。遮阳主要为了减少建筑室内太阳辐射得热的问题，必须确保太阳辐射热能被遮挡在室外。因此，遮阳设施一般设在建筑围护结构外侧或是双层表皮的中空部位。另一个不同点是遮光的需求在一年四季都有，而遮阳一般仅在夏季需要，因此，遮光板和遮阳板要应对太阳的高度角是有区别的。

建筑中最常见的侧窗采光的特点之一是近窗区域和室内远窗区域的照度差距很大，而当窗下区域照度过高时，会在近窗处产生眩光。由于眩光对使用者的不良影响，在光环境设计中需要考虑到遮光问题。遮光策略和遮阳策略基本一致，两者相辅相成，互相制约。遮阳板（反光板）在遮阳的同时也可以起到遮光的作用，改善近窗处过亮的光环境。

1. 遮光板

一般由对光照有遮蔽作用的材料（如毛玻璃、金属、木材、陶板、陶瓷等）、连接框架、金属构配件组成。需电动控制时还应包括电机、连线、感应联动装置等。通常有横向遮阳板、竖向遮阳板和遮阳百叶几种，常用于建筑窗户外部。

案例1：英国建筑研究院（BRE）的环境楼

建筑物南侧外墙外挂的遮阳板为活动式遮光板，可以选择合适的角度反射光线到室内。反光板由半透明的陶瓷材料制成，可以阻挡直射进室内的太阳光，同时保证了阳光能够漫射进入室内（图3-2-47）。活动式遮光板由一个自动控制系统调控，根据户外的阳光强度、天气状况自动调整百叶的位置，既控制眩光又让日光进入，也可外视景观。

图3-2-47 水平可调节半透明遮光板
（图片来源：网络）

2. 遮光表皮

1）平面式遮光

平面式遮光是通过构造将平面式的遮光构件整体附着在建筑围护结构之上，通常其构造厚度较薄。表皮可以通过镂空的方式形成一定的表面肌理，其材质可以是穿孔板金属板或木格板等。可以通过设计有效地阻挡太阳强光，并形成一定的立面或室内阴影效果。

案例1：中国美术学院民俗艺术博物馆

限研吾设计的中国美术学院民俗艺术博物馆（图3-2-48），立面采用钢丝与瓦片编织形成的平面遮阳表皮，在室内形成了斑驳多姿的阴影变幻。呼应了中国南方建筑的青砖翠瓦元素，是对地域性极好的表达。

图3-2-48　中国美术学院民俗艺术博物馆
（图片来源：网络）

案例2：法国Elithis塔

该建筑最突出的视觉元素无疑是将建筑墙体的主要部分包裹起来的铜制遮光罩，也称为阳光防护罩。它不对称的形状是基于针对日间不同时间的太阳光线，依据季节变化和周围建筑投射下的影子来确定最需要遮光的范围。通过对建筑立面不同季节日照率的模拟，根据夏季和冬季太阳高度角的变化，阳光防护罩的形状正好覆盖了由夏季太阳轨迹造成日照率过高的区域表面，遮挡了过多的夏季太阳辐射和太阳光造成的眩光。避免夏日阳光带来的过度加热和眩光，又能在冬季使太阳能辐射得热实现最大化（图3-2-49）。

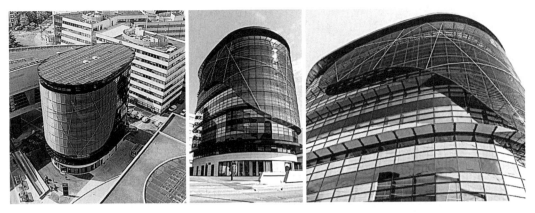

图3-2-49　法国Elithis塔

（图片来源：度本图书.绿色建筑：公共［M］.南京：江苏人民出版社，2011.）

2）立体遮光表皮

立体表皮在空间上有一定的三维形态，通常情况下会由一个个可变化的立体遮光单元组成整面的立体表皮，立面可以形成一定的组合规律，产生独特的视觉冲击感与科技感，并在立面与室内形成立体的光影效果。由于表皮材料及构件组合方式的不同，会达到不同的整体的遮光效果，同时也会影响表皮调节室内光热环境的能力。

案例1：阿布扎比铝巴哈尔塔

由凯达环球建筑事务所（Aedas Architects）在阿布扎比设计的铝巴哈尔塔（图3-2-50），玻璃幕墙外覆盖了可以遮光的立体表皮，由立体三角形组合的遮阳遮光构件单元，可根据阳光照射量以及室内外温度和照度等数据的变化自动调节，能够抵挡风沙、防止暴晒。整座建筑像披上了一层鳞片一样，不仅起到了遮阳遮光的作用，也使建筑具有标志性很强的立面形式。

图3-2-50　铝巴哈尔塔

（图片来源：网络）

案例2：谢菲尔德大学钻石大楼

谢菲尔德大学钻石大楼由十二建筑师事务所（Twelve Architects）设计，表皮采用菱形几何体的随机细分分形构成框架，然后根据内部功能对光线的不同需求对四种尺度的表皮单元进行重组，在不需要直射光线的部分单元的内部铺设电镀铝板材，其他单元则整体镂空，透出内层的玻璃幕墙（图3-2-51）。

编织表皮可以看作在建筑表皮外的一层缓冲层，通过网架形状、构件角度等设计可以有效改善室内的通风、采光及温度，实现复合表皮的实际效果。

案例3：北京建筑大学图书馆

北京建筑大学图书馆使用GRC材料的网格将建筑形体包裹，通过编织的手法组织了9种不同形式的单元模块，满足日照遮阳的同时使得表皮产生了透明性，经过调节的自然光线照入室内，获得舒适照度的同时，也消除了自然与读者的距离感（图3-2-52）。

图3-2-51　谢菲尔德大学钻石大楼
（图片来源：网络）

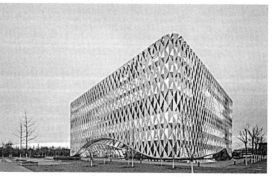

图3-2-52　北京建筑大学图书馆
（图片来源：网络）

案例4：通州区城市展览馆

南通市通州区城市展览馆位于城市主要干道东侧的一片绿地之中，紧靠城市河流。建筑的二三层主要功能是展览场地，通过附加表皮被设置成了半透明的体量。建筑表皮为双层表皮，内表皮具有保温防水等功效，外表皮根据不同房间的光线需求产生不同的孔洞大小，最小的仅有9%的开孔度，最大的有60%，不同的孔洞对应7种不同的面板形成了形式独特的遮光表皮（图3-2-53）。

3）遮光外壳

案例1：赫恩继续教育学院

玻璃外壳被设计者称为"微气候外壳"，它创造出新的空间品质，产生了一种新的具有特殊气候环境的公共空间。称其为"微气候外壳"是因为它的确创造了一种室外气候条件的空间效

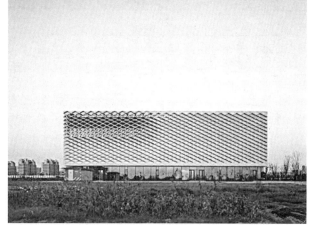

图3-2-53　南通市通州区城市展览馆
（图片来源：网络）

果——阳光、自然风、植物等，但又优于此地的室外环境感受——更舒适的温湿度、遮蔽雨雪、可调节的风速等。

自然采光的"日光概念"在此得到充分发挥。玻璃外壳的日光顶面被认为是室内微气候的天空。把日光顶面的几何图形设计成云状图案，是依据玻璃温室内对自然光的需要情况来确定的。通过计算机精确模拟来确定屋顶不同部位的采光标准，然后选用不同密度的光电板（不同的透光率）来实现"云"的效果。不同透光率的云状图案形成了阴影，避免眩光和直接的太阳辐射。人们在外壳内的室外空间获得了"真实"的自然光照感受，但又优于当地室外空间的体验（图3-2-54）。

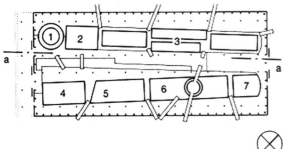

布局平面图
比例1:300

1 图书馆   5 饭店
2 区域行政办公室   6 学院
3 宾馆   7 学院行政处
4 社区中心

图3-2-54 微气候外壳的自然采光体验
（图片来源：王建国，韦峰. 微气候外壳的环境效益［J］. 建筑学报，2003.）

3．遮光帘

遮光帘是指用来有效遮挡强光进入室内，并且自身具有透光、透景、调节温度的卷帘，其中遮光面料又分玻纤面料、聚酯面料及金属穿孔编织材料等。遮光帘可以内置，也可以外置。遮光帘兼顾遮阳时宜采用外置（图3-2-55）。

4．绿化遮光

绿化遮光可以通过在窗外一定距离种树，也可以通过在窗外或阳台上种植攀援植物实现对建筑的遮光（图3-2-56）。落叶树木可以在夏季提供遮光，冬季落叶后阳光通过树枝照进室内，获得辐射热。绿化遮阳遮光相关内容会在立体绿化一节有详细探讨，此处不再赘述。

（a）内置遮光帘　　　　　　　　（b）外置遮光帘

图3-2-55　遮光帘的应用
（图片来源：网络）

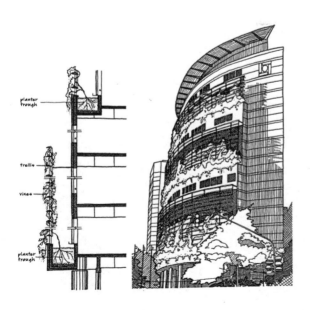

图3-2-56　攀援植物遮光
（图片来源：SUN·WIND & LIGHT, ARCHITECTURAL DESIGN STRATEGIES, G.Z.Brown and Mark Dekay）

3.3 得热与隔热

3.3.1 得热

1. 概述

建筑得热主要目标是保温和节能，减少建筑物室内热量向室外散发，对创造适宜的室内热环境和节约能源有重要作用。通过建筑朝向的选择和环境的合理布局，内部空间和外部形体的巧妙处理，恰当选择建筑材料和结构构造，实现能量的采集、存蓄和使用，同时减少外围护的耗热量，就是建筑得热的主要手段。

建筑得热是绿色建筑设计的核心要素之一，尤其对于严寒地区、寒冷地区、夏热冬冷等地区的建筑节能具有关键作用。

2. 途径与方法

1）太阳辐射热利用

太阳辐射是来自太阳的电磁波辐射。太阳辐射热是太阳向地球输送的热，即太阳辐射直接传给建筑的热量。地球所接收到的太阳辐射能量虽然仅为太阳向宇宙空间放射的总辐射能量的二十二亿分之一，但却是地球大气运动的主要能量源泉，也是地球光热能的主要来源，它直接或间接地提供了万物维系生存所必需的能量（图3-3-1）。

建筑利用太阳能的方式一般分为"被动式"和"主动式"两种（图3-3-2）。被动式是指在设计中采用控制建筑朝向、空间布局、遮阳和自然通风，对围

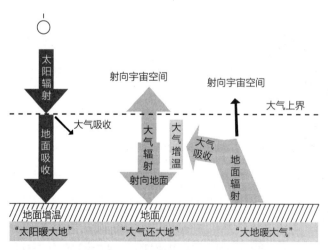

图3-3-1 大气对地面的保温作用
（图片来源：网络）

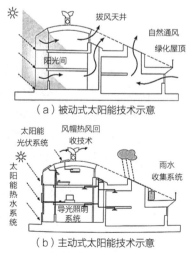

图3-3-2 被动和主动式太阳能技术示意
（图片来源：徐桑，太阳能建筑设计）

护结构进行良好的保温隔热设计等降低建筑能耗的手法；主动式则是在被动式基础上，通过需要能源驱动的各类设备对人居环境进行改善的手法，常用的主动式太阳技术有太阳能热水、太阳能主动采暖、光伏发电技术等。

2）地热利用

地热是指蕴藏在地表以下数百米范围内的地质恒温带中具有开发价值的热能，是地表吸收和积蓄太阳能后的能量转换形式。地热能量基本不受地域和气候影响，温度相对恒定。

目前浅层地热的利用方式主要是利用水源热泵、土壤源热泵技术，通过热量交换实现建筑物得热（图3-3-3）。

另外，利用浅层土壤温度稳定的特性构筑的"覆土建筑"也是地热利用的一种可行方式。该方式将建筑顶部和侧面深入土壤，具有良好的保温隔热和蓄热性能，室内热环境稳定，还可以节约土地资源，保持地面景观的连续性。但覆土建筑的空间尺度和平面布局，以及采光通风和防水防潮方面还存在不足。覆土建筑的空间格局模式主要有地下式、井院式、立面式、穿透式和组合式五种（图3-3-4）。

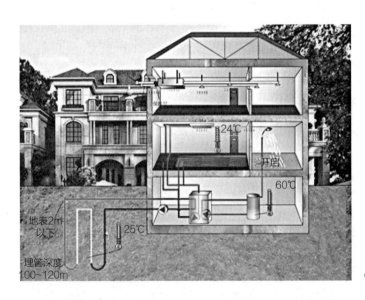

图3-3-3 地源热泵技术示意
（图片来源：网络）

图3-3-4 覆土建筑空间格局模式图
（图片来源：刘抚英，绿色建筑设计策略）

3）围护结构保温

对于建筑节能而言，减少与外界的热交换，尽可能减慢得到的能量的散失时间是能否有效节能的关键，这就要求围护结构能够起到良好的保温效果。建筑围护结构保温主要包括建筑墙体保温（图3-3-5）、屋面保温、外窗及幕墙系统保温。

外墙和屋面是建筑外围护结构的主体部分，围护结构保温能力的选择主要是根据气候条件和房间的使用要求，并按照经济和节能的原则而定。其中外门窗和地面的传热损失热量外加门窗缝隙引起的空气渗透耗热量可占围护结构总耗热量的60%，因此必须做好门窗、地面的保温设计。

4）建筑得热综合案例

在建筑的得热设计中常常不只使用一种手段，而是对多种要素进行考虑并开展综合设计的，下面将通过多个案例对其展开讲解。

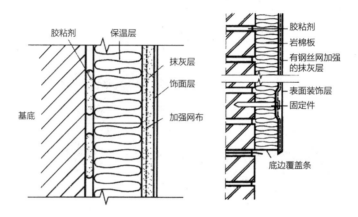

图3-3-5 外墙外保温的一般做法
（图片来源：刘加平等，建筑创作中的节能设计）

案例1：西班牙被动式养老院

西班牙被动式养老院是西班牙第一座通过被动式节能屋认证的老年医院建筑（图3-3-6）。在建筑得热的考虑中主要采用主被动结合的技术策略，目的是使建筑自身产生的能量大于消耗的能量，并能从周边原有建筑中收集多余能量。利用建筑顶部的18千瓦的光伏太阳能电池板，20块热能太阳能电池板，充分吸收当地的太阳热辐射（图3-3-7、图3-3-8）。同时安装热回收器及过滤器，保证建筑气密性的同时确保获得最佳的空气质量，也能避免老年人的呼吸道过敏。

建筑的围护结构具有良好的保温效果，其中外墙为带三层玻璃的木质结构，保温隔热性能（K值）达到了0.195瓦/平方米·开文尔，地板保温K值为

图3-3-6　被动式养老院外观
（图片来源：网络）

图3-3-7　屋顶太阳能板
（图片来源：网络）

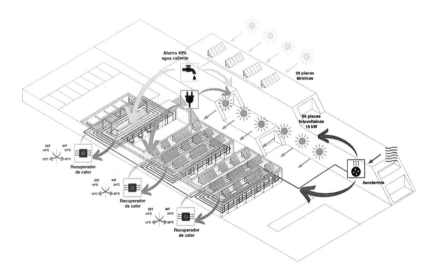

图3-3-8　建筑得热策略分析
（图片来源：网络）

0.18瓦/平方米·开尔文，景观屋顶保温K值为0.195瓦/平方米·开尔文。另外自然通风、雨水收集灌溉、温室的设计等都是实现该建筑节能的重要方式。

案例2：艾米利亚—罗马涅大区环境能源局

艾米利亚—罗马涅大区环境能源局是意大利首座"主动式节能"和"被动式节能"相结合的可持续公共建筑（图3-3-9）。该项目所处的费拉拉地区气候通常在两个极端波动：夏季炎热潮湿，冬季寒冷湿润。因此建筑设计的主要策略是使建筑变成一个生物气候过滤器，其目标设定为每年供暖和空调消耗低于100千瓦时/平方米，该目标的实现有赖于主被动式技术的结合。

建筑屋顶烟囱式的设计是能量来源的主要方式。它是天然的阳光导管，在冬季成为太阳能收集器，它们积聚太阳能并在建筑内重新散发；而在夏季则成为热空气提取器，热空气被排出，避免了热量分层（图3-3-10、图3-3-11）。同时，在具有最佳朝向的屋顶烟囱上放置了约300平方米的光伏面板，

图3-3-9　艾米利亚—罗马涅大区环境能源局鸟瞰
（图片来源：网络）

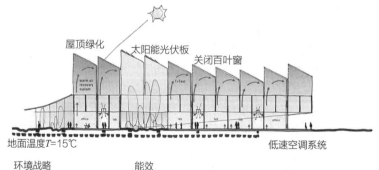

图3-3-10　能源局冬季环境策略
（图片来源：网络）

最大限度地提高太阳能利用效率，还可以根据内部功能活动分区尽可能多地利用屋顶自然采光，并根据需要适当地校准屋顶和立面上不透明和透明部分的频率（图3-3-12）。

除了得热方面的考虑，该建筑还利用具有强烈的可识别性特色"烟囱"和温度梯度产生的空气流通潜力增加自然通风，在满足采光要求的同时保证使用者的夏季舒适度。中央庭院的设计使建筑物可以在立面和屋顶上打开，充分增加空气流动性，并通过自动压力开关调节来进行控制（图3-3-13、图3-3-14）。

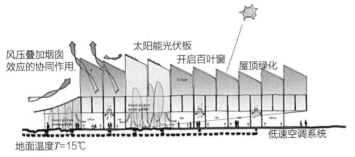

夏季
-30% 与传统建筑节能相比

风压叠加烟囱效应的协同作用
太阳能光伏板
开启百叶窗
屋顶绿化

地面温度T=15℃
低速空调系统

环境战略
夏天
太阳能烟囱
自然通风
自然光线
木材结构地下水热泵
绿化庭院

能效
标准建筑 MAC建筑
-85%HVACCO$_2$
3kgCO$_2$/mqy
classe B
加热35kWht/mqy
冷却50kWht/mqy

图3-3-11 能源局夏季环境策略
（图片来源：网络）

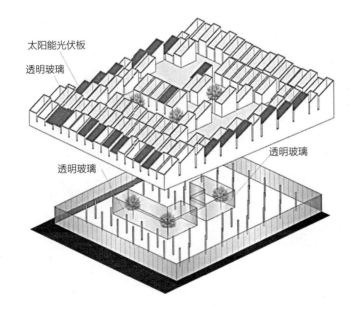

太阳能光伏板
透明玻璃
透明玻璃
透明玻璃

图3-3-12 屋顶光伏板和立面采光校准

图3-3-13 具有双重功能的"烟囱"
（图片来源：网络）

图3-3-14 生机盎然的中央庭院
（图片来源：网络）

案例3：龙湖超低能耗建筑主题馆

龙湖超低能耗建筑主题馆是龙湖地产和奥润顺达集团联合在河北高碑店列车新城打造的一个被动房展厅，作为推广低能耗建造理念和向公众宣传和展示超低能耗技术的平台（图3-3-15）。此项目获得了德国被动房研究院的认证，成为亚洲区第一个获得PHI被动房认证的展陈建筑。项目以积极的方式，将被动房的要求转换为整体思维下可持续建筑的设计表达。

图3-3-15 龙湖超低能耗建筑主题馆鸟瞰
（图片来源：网络）

建筑整体南高北低，设计中充分考虑到被动房对供暖能耗的限制和对建筑内部保温的要求，结合"消隐于环境"的设计初衷，将建筑北侧压低到景观土坡里，与场地的微地形连为一体。建筑南侧利用全玻璃幕墙在冬季最大可能地搜集太阳的辐射热，建筑北侧借助覆土保温和减少外墙散热，同时也减少了采暖空间体积，替代常规的外围护技术策略。整个建筑避免因夸张的造型带来散热面积、空间容量、外形冷桥等更不利的浪费（图3-3-16）。

建筑内部的空间设计也最大程度地契合了可持续原理，南高北低的体型，既提供了合理分区，也减小了整个展厅的体积，减小其体型系数和与外部的热交换；南侧的整体玻璃幕墙，冬季可最大程度利用太阳得热，夏季则借助联动百叶遮阳防热（图3-3-17）；中庭顶部的天窗，白天引入阳光，夜间通风散热，成为昼夜平衡的调蓄口（图3-3-18）；新风系统也借助了室内空间形态，由北侧走廊和中庭台阶侧面等低处送新风，在使用过程中逐渐升温，往上空走，最终从室内南侧最高处回风，利用基本的热压原理，形成室内风环境的组织。

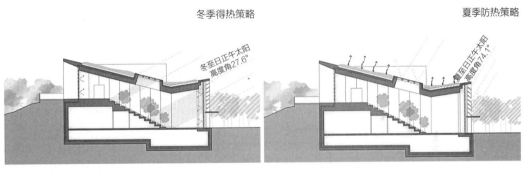

冬季得热策略　　　　　　　　　　　　　　　　夏季防热策略

图3-3-16　冬季得热和夏季防热策略
（图片来源：网络）

图3-3-17　南侧全玻璃幕墙及遮阳百叶
（图片来源：网络）

图3-3-18　中庭内景和天窗采光
（图片来源：网络）

案例4：Solar-fabrik "阳光工厂"

Solar-fabrik "阳光工厂" 位于德国西南部的弗赖堡，这里每年日照时间达1800小时，为太阳能的利用提供了最佳条件。"阳光工厂"建于1999年，是欧洲第一座达到零排放标准的工业建筑（图3-3-19）。该建筑有一座长60米，高10米的倾斜玻璃幕墙，幕墙后面是一个400平方米的大厅，包含接待、会议和展览等功能（图3-3-20）。

图3-3-19　Solar-fabrik "阳光工厂"外观　　图3-3-20　"阳光工厂"接待大厅
（图片来源：网络）

整座建筑都被厚达16厘米的保温层包覆，所有的窗户都采用了具有极佳保温性能的构造，使建筑在冬季也有宜人的室内温度。"阳光工厂"一共设置有575平方米太阳能光伏板，其中210平方米光伏板设置于南侧玻璃幕墙之上，除了收集太阳能外，夏季还可兼做遮阳百叶遮挡阳光直射，避免大量的热辐射进入室内（图3-3-21）。还有40平方米的墙面干挂区域用于新型太阳能光伏板的产品测试；另外25平方米的太阳能芯片直接结合至玻璃幕墙上的部分保温玻璃中，展示出了一种新的构造可能；剩余300平方米光伏板均以经过测试的最佳角度排布在建筑屋顶上。

除了太阳能光伏板得热产能之外，该建筑还有一座中央供暖站为其提供高能效的热能和电能。中央供暖站所需的原料全部是产自弗莱堡地区的菜籽油，综合当地菜油的整个生产运输环节实现了该能源来源零排放与可持续性（图3-3-22）。

能源数据

菜籽油-中央供暖站（含热电联产）
电功率：	45kW
供暖功率：	65kW
发电量：	155,000kWh/年
产热量：	205,000kWh/年

菜籽油-调峰锅炉
供暖功率：	220kW
产热量：	50,000kWh/年

光伏阵列（峰值功率）
玻璃幕墙组件：	23.0kWp
屋面：	29.6kWp
墙面干挂：	3.9kWp
总计：	56.5kWp
发电量：	约45,000kWh/年

（柱状图标尺：300MWh/年，250，200，150，100，50，0）

柱状图数据：
- 被动太阳能 43MWh
- 内部产热 35MWh
- 菜籽油-中央供暖站 205MWh
- 菜籽油-调峰锅炉 50MWh
- 光伏阵列 45MWh
- 菜籽油-中央供暖站 155MWh
- 收购自badenova电力公司 120MWh

热能总需求：333MWh/年　电能总需求：320MWh/年

图3-3-21　兼做遮阳百叶和产品展示的光伏板　图3-3-22　中央供暖站能源数据
（图片来源：网络）

案例5：中国杭州低碳科技馆

中国杭州低碳科技馆是全球第一家以低碳为主题的大型科技馆，建筑采用太阳能光伏一体化、日光利用与绿色照明、水源热泵和冰蓄冷等十大节能技术，获得国家住房和城乡建设部颁发的"三星级绿色建筑标识证书"。

建筑的屋面造型与立面浑然一体，由曲线围合不同标高的平面隔栅层层退台，太阳能光伏板是其主要的能源技术，面积共800平方米，主要采用用户侧低压并网的形式应用于屋顶区域、幕墙遮阳区域（图3-3-23、图3-3-24）。由于每块平台面积的大小不同，太阳能光伏板主要设于屋顶34.6米和37.6米两个标高层上。

建筑的围护结构设计也是该建筑节能设计的重点，通过保温材料的运用，外墙和屋顶的传热系数基本控制在0.5以内（表3-3-1）。另外建筑设计中采用了大面积玻璃幕墙，对其进行节能是绿色设计的重点。主要采用断热铝合金低辐射中空玻璃和中空镀膜玻璃，同时在日照强烈的东、南、西侧外窗和玻璃幕墙外设置了大量的电动遮阳百叶。电动遮阳百叶卷帘盒与条形灯带结合设计，日光照射强烈时可以打开遮阳，关闭时隐藏在灯带之后，不影响立面效果。屋面顶部玻璃幕墙设有固定的、夹有

图3-3-23　中国杭州低碳科技馆外观
（图片来源：网络）

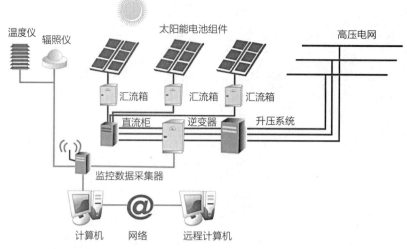

温度仪 辐照仪　　　　太阳能电池组件　　　　　　　　高压电网

汇流箱　汇流箱　汇流箱

直流柜　逆变器　　升压系统

监控数据采集器

计算机　网络　远程计算机

图3-3-24　太阳能并网发电系统
（图片来源：网络）

光伏电板的玻璃外遮阳百叶。这样既可以有效遮阳、降低热辐射，又在中庭上空可以观看，具有较好的展示作用。

中国杭州低碳科技馆杭州科技馆围护结构材料一览表　　表3-3-1

类型	建筑材料	参数
平屋面1	碎石、石灰石厚10毫米	太阳辐射吸收系数ρ=0.50 热阻R_o=2.13平方米·开尔文/瓦特 传热系数K=1/R_o=0.46瓦特/平方米·开尔文
	卵石混凝土厚40毫米、挤塑聚苯板厚60毫米、防水卷材	
	聚氨酯厚3毫米、高分子树脂	
	活性材料厚3毫米、水泥砂浆厚20毫米、轻集料混凝土找坡厚30毫米、钢筋混凝厚土	
平屋面2	挤塑聚苯板厚60毫米、防水卷材、碎石、卵石C20细石混凝土厚40毫米	热阻R_o=2.14平方米·开尔文/瓦特 传热系数K=1/R_o= 0.46瓦特/平方米·开尔文 太阳辐射吸收系数ρ=0.50
	防水卷材、聚氨酯厚3毫米	
	聚氨酯厚3毫米、水泥砂浆厚20毫米、轻集料混凝土找坡厚30毫米、钢筋混凝土厚120毫米	
外墙1	铝（3毫米）+石棉水泥板（9毫米）+矿（岩）棉毡（180毫米）+石棉水泥板（9毫米）	热阻R_o=3.68平方米·开尔文/瓦特 传热系数K_p=1/R_o=0.26瓦特/平方米·开尔文 太阳辐射吸收系数ρ=0.50
外墙2	岩棉厚45毫米、B06级加气混凝土砌块	热阻 R_o=1.80平方米·开尔文/瓦特 传热系数K_p=1/R_o=0.57瓦特/平方米·开尔文 太阳辐射吸收系数ρ=0.50

类型	建筑材料	参数
外窗 1	浅灰色Low-E中空玻璃6（Low-E）+12A+6	传热系数 2.00瓦特/平方米·开尔文 遮阳系数 0.34 气密性为6级 水密性为4级 可见光透射比0.50
外窗 2	浅灰色Low-E中空玻璃 10（Low-E）+12A+10	传热系数 2.00瓦特/平方米·开尔文 自身遮阳系数0.35 气密性为3级 水密性为2级 可见光透射比0.50

（资料来源：孙伟清. 杭州科技馆生态节能技术的应用研究［M］. 西安：西安建筑科技大学，2016.）

案例6：中国北京世界园艺博览会中国馆

中国北京世界园艺博览会中国馆建筑设计从园艺文化和中国传统哲学出发，将山、水、林、田、湖浓缩成一座中国盆景，堆土营造出古老农耕文明的独特景观——"梯田"，同时采用轻盈优雅的钢结构屋架，形成龙脊抱月的空间关系，使建筑充分融入山水环境之中。

在得热设计中，建筑采用半围合环抱形的场地布局，减小了建筑的体型系数，适应延庆寒冷冬季的保温要求。同时将大部分展馆置于梯田之下，利用覆土建筑结构的保湿隔热性能，降低围护结构的传热系数和建筑物采暖降温能耗（图3-3-25）。另外，地道风的设置可为使用频率较高的展馆提供新风，可有效降低建筑的空调使用能耗。

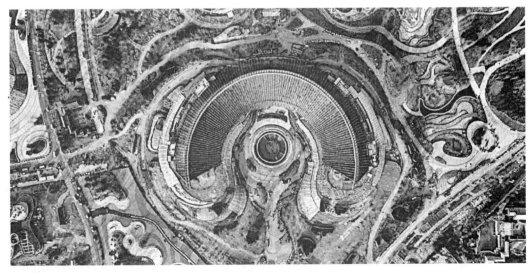

图3-3-25 世界园艺博览会中国馆鸟瞰

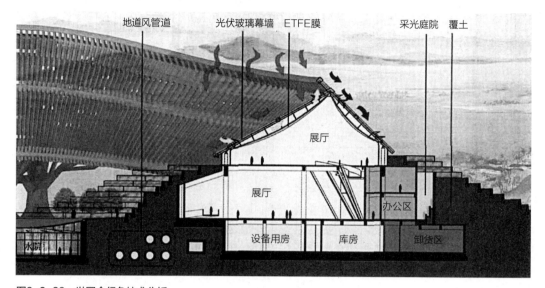

图3-3-26 世园会绿色技术分析

（图片来源：崔恺，景泉. 2019中国北京世界园艺博览会中国馆［J］. 世界建筑，2019（5）.）

建筑空间设计中，游客经南侧广场进入中国馆，经过缓坡，来到开敞的半围合式前广场，广场周围是长满植被的层层梯田。进入展厅则是一个绿意盎然的世界，尽管被埋于土中，顶部采光洞口的设计可将二层的自然光引入其中。沿坡道缓缓上升，空间变得越来越明亮，由玻璃和ETFE膜作为顶面的二层展厅，给人豁然开朗的感觉，向东穿过展厅可到达中部观景平台，这是整个建筑最宽敞开阔的空间，在此向西北，可远眺永宁阁，向东北，可看到妫汭剧场和国际馆。

案例7：上海市生态建筑示范楼

上海市生态建筑示范楼于2004年9月初步建成，是国内首个生态建筑关键技术和产品研发的实验平台（图3-3-27）。其综合能耗为普通建筑的1/4；再生能源利用率占建筑使用能耗的20%；室内综合环境达到健康、舒适指标；再生资源利用率达到60%。

建筑采用了四种外墙外保温体系、三种遮阳系统、断热双玻中空窗及阳光控制膜、自然通风系统、热湿独立控制空调系统、太阳能空调和地板采暖系统，以及太阳能光伏发电并网技术等多种技术手段。

在外墙设计中，东、西向采用复合外墙构造体系，以混凝土空心小砌块或砂加气砌块为主墙体，C9混凝土空心小砌块为外挂墙，中间填充发泡尿素、聚氨酯等高效保温层，构成隔热保温性能优异的新型复合外墙构造体系，而南、北向采用聚苯板外墙保温体系，传热系数均控制在0.3左右（表3-3-2）。

图3-3-27　上海市生态建筑示范楼

（图片来源：网络）

外墙外保温体系汇总表　　　　　　　表3-3-2

序号	应用部位	保温体系主要构成	传热系数 瓦/（平方米·开尔文）	热惰性指标D
1	东向外墙	混凝土砌块（90毫米）+聚氨酯发泡（60毫米）+砂加气砌块（240毫米）	0.32	4.3
2	南向外墙	EPS外保温（140毫米）+混凝土砌块（180毫米）	0.27	3.2
3	西向外墙	混凝土砌块（80毫米）+聚氨酯发泡（85毫米）+混凝土砌块（240毫米）	0.29	4.3
4	北向外墙	XPS外保温（75毫米）+混凝土砌块（180毫米）	0.33	3.2

（资料来源：汪维. 集生态建筑技术大成——上海市生态建筑示范楼创新技术体系[J]. 建设科技，2004.）

在屋顶设计中，绿化平屋面采用倒置式保温体系，保温层分别采用耐植物根系腐蚀的XPS版和泡沫玻璃板两种材料，再利用屋面绿化技术，形成一种冬季保温、夏季隔热又可增加绿化面积的复合型屋面。坡屋面采用硬质聚氨酯泡沫塑料作为保温层，设计厚度为180毫米，传热系数为0.16瓦/（平方米·开尔文）（表3-3-3）。

屋面保温体系汇总表　　　　　　　表3-3-3

序号	应用部位	保温体系主要构成	传热系数 瓦/（平方米·开尔文）	热惰性指标D
1	不上人平屋顶	屋面绿化（600毫米）+泡沫玻璃板（150毫米）+陶粒混凝土找坡（10毫米）	0.31	3.2

序号	应用部位	保温体系主要构成	传热系数 瓦/(平方米·开尔文)	热惰性指标D
2	上人平屋顶	屋面绿化（600毫米）+XPS（95毫米）+陶粒混凝土找坡（100毫米）	0.31	3.2
3	东向坡屋面	发泡聚氨酯（180毫米）	0.16	5.0

（资料来源：汪维.集生态建筑技术大成——上海市生态建筑示范楼创新技术体系［J］.建设科技，2004.）

建筑外门窗采用断热铝合金双玻中空Low-E窗，其中天窗采用三玻安全Low-E玻璃，其表层玻璃具有自清洁功能；南向局部外窗采用充氩气中空Low-E玻璃和阳光控制膜，提高外窗的保温隔热性能（表3-3-4）。

	节能窗汇总表				表3-3-4
序号	应用部位	窗户类型	玻璃传热系数 瓦(平方米·开尔文)	玻璃遮阳系数	可见光透过率（%）
1	坡屋面天窗	三玻Low-E中空双玻窗	1.82（考虑窗框）	0.62	68
2	各向外门窗	Low-E中空双玻窗	1.65～1.89	0.58～0.7	41～73

（资料来源：汪维.集生态建筑技术大成——上海市生态建筑示范楼创新技术体系［J］.建设科技，2004.）

案例8：威卢克斯（中国）办公楼

威卢克斯中国办公楼是中国"Active House"建筑实践之一，在设计中使用了地源热泵、混凝土埋管蓄冷蓄热、太阳能热水、加大屋面及墙体的保温能力以及自动检测室内气候指标，自动调整供热、供冷、通风等技术（图3-3-28）。

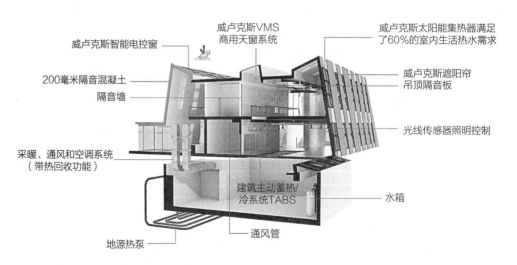

图3-3-28 综合节能技术分析
（图片来源：网络）

建筑的立面设计是得热和降耗的关键，梯形的斜面可以在冬季得到更多的太阳能量和日光捕获，使得办公室、开放式楼梯和吊顶的缝隙都保障了日光覆盖（图3-3-29、图3-3-30）。在保温设计中，外墙和屋面使用了厚度为25～30厘米的岩棉，还使用了25厘米厚的挤塑板以增加一层地面与基础之间的保温能力。根据日照辐射热的不同，建筑的四个立面分别使用了不同遮阳

图3-3-29　威卢克斯中国办公楼外观
（图片来源：网络）

图3-3-30　洒满阳光的开放式楼梯
（图片来源：网络）

系数的玻璃，并采用了电动、太阳能电池、人工等不同驱动模式的室外遮阳帘，可根据太阳辐射的强弱、季节进行调控，并且根据不同的照度，利用调节使用全遮光、半遮光等不同的室内窗帘，进行自然光的控制。由于不具备大面积使用太阳能进行太阳能发电的条件，设计使用太阳能热水器作为员工的洗浴用水。为了使用波谷电，以及热辐射的舒适性，设计还使用了混凝土蓄热/冷技术。

另外，项目中还使用了地源热泵技术，从能效方面来看，地源热泵耗费一个单位的能源大致可以产生相当于4个单位的热能或者6个单位的冷能，技术简单实用，效果良好。

3.3.2　隔热

1.概述

建筑隔热的主要目标是降温和节能，尽可能地减弱不利的室外热作用的影响，使室外热量少传入室内，并使室内热量尽快散发出去，以免室内过热。可以通过正确选择朝向，外门窗设置遮阳，绿化环境，降低辐射，浅色外围护结构减少辐射吸收，合理组织自然通风排除房间余热等方式降低能耗。

建筑隔热设计也是绿色建筑设计的核心要素之一，尤其是夏热冬冷、夏热冬暖地区建筑节能设计的有效方法。

2.途径与方法

1）构件遮阳隔热

使用构件通过一定的技术手段和设计方法，有效地组织和调节日照对建筑室内的影响，同时协调好采光与通风的关系是有效的节能降温措施。

最常见的就是使用遮阳板来降低太阳辐射，通常使用的有横向遮阳、竖向遮阳以及混合遮阳等方式（图3-3-31）。一般来讲，透明色室内百叶只可挡去17%太阳辐射热，而室外南向仰角45°的水平遮阳板，可遮去68%的太阳辐射热，两者间的遮阳效果相差甚大。而安装在外侧的遮阳板所吸收的太阳辐射热要大大低于装在窗口内侧的布帘、软百叶等遮阳设施。

2）植物遮阳

主要利用落叶乔木或攀援植物进行遮阳。植物枝叶可以遮挡夏季太阳辐射，并通过光合作用将太阳能转化为生物能，叶片还可通过蒸腾作用增加蒸发散热量，降低环境温度。该部分内容将在本章第5节——立体绿化部分中详细阐述。

3）屋顶隔热

屋顶的隔热形式也较为多样，目的是降低顶层房间的室内温度，从而减少能源消耗。常见的屋顶隔热方式主要有实体材料层+封闭空气层的隔热屋顶、通风间层隔热屋顶（图3-3-32）、楼阁屋顶、种植和蓄水屋顶。

在《民用建筑热工设计规范》GB 50176-2016中规定，屋面宜采用浅色外饰面、宜采用通风隔热屋面、可采用有热反射材料层的空气间层隔热屋面、可采用蓄水屋面、宜采用种植屋面、可采用淋水被动蒸发屋面、宜采用带老虎窗的通气阁楼坡屋面等。

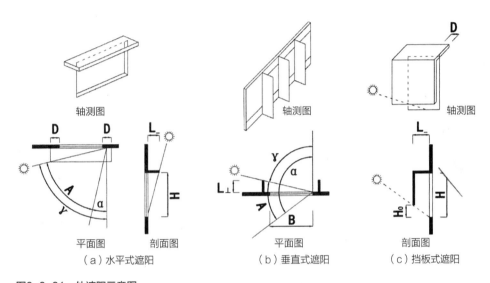

图3-3-31 外遮阳示意图
（图片来源：刘念雄、秦佑国.《建筑热环境》）

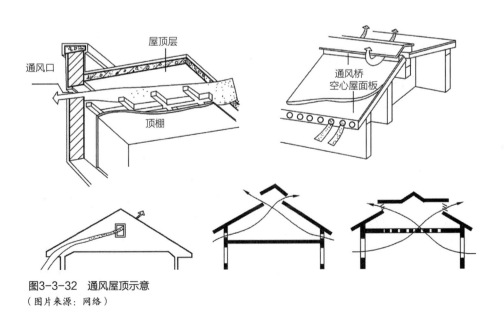

图3-3-32 通风屋顶示意
（图片来源：网络）

3 建筑设计绿色要素   131

4）墙体隔热

与屋顶相比，外墙的室外综合温度相对较低，外墙隔热次要于屋顶隔热。但对采用轻质结构的外墙或者空调建筑中，外墙隔热仍十分重要。外墙隔热常用通风墙、双层墙面、隔热降温墙体——喷洒降温、水幕墙和垂直绿化墙体等。

在《民用建筑热工设计规范》GB 50176-2016中规定，外墙隔热宜采用浅色外饰面、可采用通风墙、干挂通风幕墙等、可采用封闭空气间层、可采用复合墙体构造、可采用墙面垂直绿化及淋水被动蒸发墙面等、宜提高围护结构的热惰性指标D值、西向墙体可采用高蓄热材料与低热传导材料组合的复合墙体构造。

5）门窗隔热

门窗与玻璃幕墙是建筑围护结构中的特殊部分，提供采光通风的同时需要兼具隔热、隔声、安全等复合功能，相较于墙体和屋顶而言，它们也是围护结构节能的薄弱环节。对隔热有较高要求的建筑，门窗和玻璃幕墙往往采用中空玻璃，即在两片玻璃之间有一干燥的空气层或惰性气体层，气体层的存在使得中空玻璃的传热系数比普通单层玻璃大大降低。目前常用的节能玻璃主要有中空玻璃、吸热玻璃、热反射玻璃、热敏玻璃、光敏玻璃、Low-E玻璃等。

在《民用建筑热工设计规范》GB 50176-2016中规定，对遮阳要求高的门窗、玻璃幕墙、采光顶隔热宜采用着色玻璃、遮阳型单片Low-E玻璃、着色中空玻璃、热反射中空玻璃、遮阳型Low-E中空玻璃等遮阳型的玻璃系统；向阳面的窗、玻璃门、玻璃幕墙、采光顶应设置固定遮阳或活动遮阳。对于非透光的建筑幕墙，应在幕墙面板的背后设置保温材料，保温材料层的热阻应满足墙体的保温要求，且不应小于1.0（平方米·开尔文）/瓦。

6）建筑隔热综合案例

与建筑得热设计相同，隔热的手段也常常综合使用来降低建筑夏季的能源消耗，建筑遮阳和围护结构常常采用一体化设计手法，下面将通过案例进行详解。

案例1：天友绿色设计中心

作为天友建筑设计的总部，设计中心是一座从多层厂房改造为设计院自用的超低能耗绿色办公建筑，该项目荣获亚洲建协可持续建筑金奖及全国绿色建筑创新奖一等奖。

建筑设计在原型厂房简单的体量基础上运用加法原则，不进行结构的削减，最小限度拆改建筑主体，并将四个立面不同的节能技术纳入统一的表皮系统之中。西北朝向的沿街立面保留了原有的墙体及带形窗，在外加覆了一层节能表皮，选择具有保温性能的半透明聚碳酸酯材料替代常规玻璃幕墙，满足建筑隔热和隔声的需求（图3-3-33）。建筑的东西两侧立面种植了垂直绿化，根据天津的气候采用了分层拉丝的形式用以增加隔热效果（图3-3-34）。中庭里麦秸板书墙形成的艺术化图书区与玻璃网格的水蓄热墙相映成趣，构成独特的韵律与光影（图3-3-35）。以低碳和都市农业为设计理念的屋顶花园，提取蔬菜果蔬等农作物的景观元素并融合进屋顶设计，带来新体验的同时增加了屋顶的隔热效果（图3-3-36）。

图3-3-33　天友绿色设计中心沿街立面
（图片来源：网络）

图3-3-34　分层拉丝垂直绿化
（图片来源：网络）

图3-3-35　图书区与水墙
（图片来源：网络）

图3-3-36　屋顶生态农场
（图片来源：网络）

案例2：清华大学环境能源楼

　　清华大学环境能源楼是中华人民共和国科学技术部和意大利共和国国土环境部（IMET）共同支持的示范项目（图3-3-37）。据初步计算，这座生态楼的能源消耗与现在同等规模的建筑相比，能源可节约70%，每年二氧化碳的排放量可比一般楼减少1200吨，二氧化硫排放量减少5.1吨，氮氧化物排放量减少2.9吨。

图3-3-37　清华大学环境能源楼外观
（图片来源：网络）

设计的初衷就是降低建筑运行能耗，故采用了日照遮阳模拟、能耗预测分析和通风模拟组织等方法确定建筑外形，最终形成了"C"形平面、阶梯状的由北向南的对称叠落和层层退台。

首先按照北京的日照条件，为日晒窗设置有效的遮阳系统，南向出挑钢架上置遮阳板。依据北京冬至27.3°和夏至73°的正午太阳高度角进行设计，在夏季可以减少太阳辐射量，而冬季允许阳光进入室内。据模拟分析，采用遮阳板后太阳得热量能减少约1/3（图3-3-38、图3-3-39）。

环境策略
夏季
太阳能保护
绿色表皮
光伏系统
开放空间通风系统
雨水收集

图3-3-38 环境能源楼夏季节能分析
（图片来源：网络）

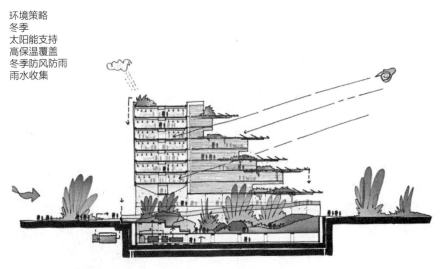

环境策略
冬季
太阳能支持
高保温覆盖
冬季防风防雨
雨水收集

图3-3-39 环境能源楼冬季节能分析
（图片来源：网络）

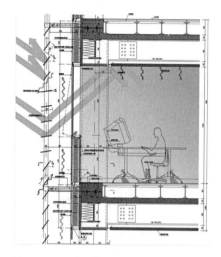

图3-3-40 东西侧幕墙墙身详图

（图片来源：张通．清华大学环境能源楼——中意合作的生态示范性建筑［J］．建筑学报，2008.）

东西两侧采用带金属检修走廊的双层幕墙系统，外层采用丝网印刷玻璃，内层上下为填充岩棉的坎墙，中部为透明玻璃窗（图3-3-40）。不仅能有效地阻挡强烈日照，并保证室内采光，还可在两层幕墙中间形成空气对流通风层，将太阳得热排出中间夹层，从而大大减少夏季空调系统的能耗。南侧和底层公共空间的幕墙玻璃采用三层内充氩气的中空玻璃，内部两层玻璃为Low-E玻璃，北向外窗为两层Low-E玻璃。屋顶为架空板面层上人屋面，采用50毫米厚挤塑型保温板作为保温层，架空层的间隙为50毫米，并且在保温层设置了上下两道隔气层。

案例3：清华大学超低能耗示范楼

清华大学超低能耗示范楼的节能设计主要是针对可调控的"智能型"外围护结构进行研究，使其能够自动适应气候条件的变化和室内环境控制要求的变化（图3-3-41）。

通过围护结构节能设计，基本可实现冬季零采暖能耗，夏季最热月整个围护结构的平均得热也只有5.2瓦/平方米。建筑南向的隔热设计是节能设计

图3-3-41 清华大学超低能耗示范楼外观
（图片来源：网络）

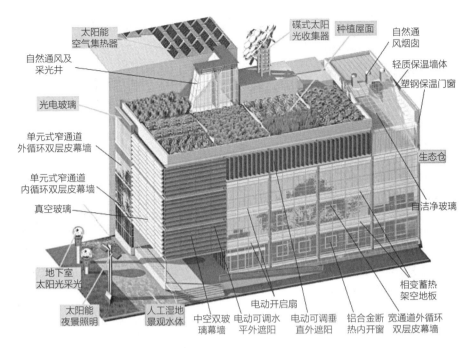

太阳能空气集热器　　　碟式太阳光收集器　种植屋面　　自然通风烟囱

自然通风及采光井　　　　　　　　　　　　　　　　　轻质保温墙体

光电玻璃　　　　　　　　　　　　　　　　　　　　　塑钢保温门窗

单元式窄通道外循环双层皮幕墙

单元式窄通道内循环双层皮幕墙　　　　　　　　　　　生态仓

真空玻璃　　　　　　　　　　　　　　　　　　　　　自洁净玻璃

地下室太阳光采光

太阳能夜景照明　人工湿地景观水体　中空双玻璃幕墙　电动可调水平外遮阳　电动可调垂直外遮阳　铝合金断热内开窗　宽通道外循环双层皮幕墙

相变蓄热架空地板

电动开启扇

图3-3-42　超低能耗示范楼技术集成

（图片来源：网络）

中的重点，采用高性能真空玻璃幕墙外置自控水平百叶遮阳，综合对太阳总辐射的遮挡率大于85%。另外采用窄通道双层皮通风玻璃幕墙，窗上下间设置光伏电池板，为通道内微型排风机提供动力。建筑西向和北向采用高保温隔热墙体，外饰面为铝幕墙，内部为保温棉和石膏砌块，石膏砌块和聚氨酯保温材料均可回收再利用。外窗和外门采用多腔结构的PVC塑钢窗，外设保温卷帘（图3-3-42）。

案例4：中国太阳谷（日月坛·微排大厦）

中国太阳谷是第四届世界太阳城大会的主会场，也是目前世界上最大的太阳能建筑，其整体节能效率达88%（图3-3-43）。

在隔热设计中，建筑外墙全部采用100毫米厚保温苯板作为外保温材料，以此降低大厦外围护结构的传热系数，提高建筑墙体的隔热能力，从而减小夏季空调能耗。外围护结构的门窗均采用具有显著节能效果的温屏玻璃门窗，双层玻璃中空层充有氩气，减小传热系数。

在遮阳构件设计上，建筑所有南向及西向外窗均采用了建筑遮阳系统，并针对建筑结构特性不同地采用了智能光电活动遮阳、横百叶遮阳、可调百叶水平遮阳、智能竖百叶遮阳和智能升降百叶遮阳5种遮阳技术形式，总体建筑遮阳面积达到2100平方米（图3-3-44）。

图3-3-43　中国太阳谷鸟瞰
（图片来源：网络）

图3-3-44　遮阳构件
（图片来源：网络）

案例5：德国蒂森克虏伯公司总部

位于德国的蒂森克虏伯公司总部，其建筑外部形象遵循外壳和核心重合叠加的连续原理。建筑师非常注意建筑立面材料的使用，与合作伙伴共同开发了美观特别的遮阳系统，其遮阳策略是为建筑的每个立面加上一圈用遮阳系统制成的"外衣"，外立面遮阳一共使用了超过8000平方米的不锈钢（图3-3-45）。

这是一种造型特殊的遮阳系统,该系统的基本单元由两个大小形状都相同的三角形遮阳板以及把它们连接在一起的连接杆件构成,而每个遮阳板又由几十个小的水平遮阳板构成。当太阳光照过于强烈的时候大遮阳板会完全展开,在玻璃幕墙外面形成一个严丝合缝的遮阳外墙;当建筑需要光照的时候,闭合的大遮阳板会根据需要以一定的角度偏向某个方位方向展开,或者完全收起来,把阳光和窗外的景观完全引入室内。这些金属网、穿孔金属板、遮阳板,以及大幅彩色纯金属板等复杂的构造,使得变化的自然光线可以调节这些透明、穿孔和固体层的混合物,让建筑的室内和室外表面别具特性,创造了一种诱人的空间深度感(图3-3-46)。

图3-3-45 德国蒂森克虏伯公司总部外观
(图片来源:网络)

图3-3-46 外立面遮阳系统
(图片来源:网络)

案例6：澳大利亚CH2绿色办公建筑

澳大利亚CH2绿色办公建筑是澳大利亚第一座达到最高六级绿色星级评级的专用办公楼，被称为"澳大利亚最为绿色、健康的办公大楼"。建筑设计中强调被动优先，对建筑技术进行整合应用，达到节电85%、节气87%、节水72%、减少87%的温室气体排放和80%的污水排放的目标。

在其隔热设计中，建筑西立面采用旧木材再生制成的活动遮阳百叶，随太阳的转动发生偏转，在满足天然采光要求的同时降低对太阳辐射的吸收，百叶转动的动力来自于太阳能光电系统（图3-3-47）。北立面（因其在南半球，所以是向阳面）设计了挑出墙面的水平遮阳板，窗户种植垂直植物，利用再生水浇灌，设计不锈钢网供植物生长。同时设有10个深颜色的通风管道，通过吸收太阳的辐射加热内部空气，在"热压原理"作用下热空气上升，由下向上排出，起到隔热的效果（图3-3-48）。而建筑的南立面（背阴面）设有10个浅颜色半透明的通风管道，吸收新鲜空气，并通过设置在设备层的控制系统驱动空气循环，由上至下为建筑各层输送新风（图3-3-49）。东立面采用穿孔金属板，用以遮蔽卫生间、电梯间等辅助用房，并满足卫生间自然通风要求。

图3-3-47 建筑西立面的木质遮阳百叶
（图片来源：网络）

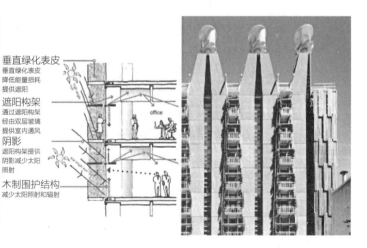

图3-3-48 建筑北立面及遮阳分析
（图片来源：网络）

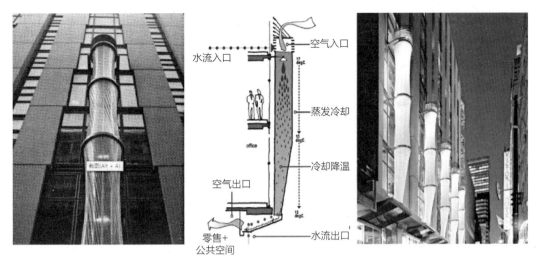

图3-3-49　南立面建筑室内通风换气调控系统
（图片来源：网络）

3.4　雨水收集

降雨是自然界水循环的重要环节，对调节和补充城市水资源量、改善生态环境起着关键作用。根据《绿色建筑评价标准》GB/T 50378-2019中规定，场地的竖向设计应有利于雨水的收集或排放，应有效组织雨水的下渗、滞蓄或再利用；对大于10公顷的场地应进行雨水控制利用专项设计。不难发现，对雨水的收集再利用是实现绿色设计的有效要素之一。通过合理的规划和设计，采取相应的工程措施，可以对雨水进行充分利用，这不仅可以缓解水资源的供需矛盾，还可以有效减少城市地面水径流量，减少排水设施压力，减少洪灾的损失。

3.4.1　屋面雨水收集

主要适用于较为独立的住宅或公共建筑，通过屋面收集的雨水污染程度轻，可直接回用于浇灌、冲洗厕所、洗车等。对于高密度建设的城市，屋面雨水收集可以大幅提高对降水资源的利用（图3-4-1）。

1. 重力式雨水收集

利用重力作用产生的水势，不对水进行增压，仅利用流体所受重力流动，以达到集水目的，一般在降雨量较小的地区适用。

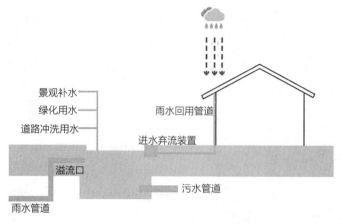

图3-4-1 屋面雨水收集示意图
（图片来源：自绘）

2．虹吸式雨水收集

在设计条件下利用雨水斗至排出管之间的有效位差为动力，使系统内部产生负压，适用于各种类型建筑屋面的雨水收集，例如会展中心、体育场馆、厂房、办公楼等。

3.4.2 场地雨水收集

1．下凹式绿地集水

通过草沟等形式收集场地中的径流雨水，当雨水流过地表浅沟，污染物在过滤、渗透吸收及生物降解的联合作用下被去除，同时植被也降低了雨水流速，使颗粒物得到沉淀，达到控制雨水径流的目的（图3-4-2）。

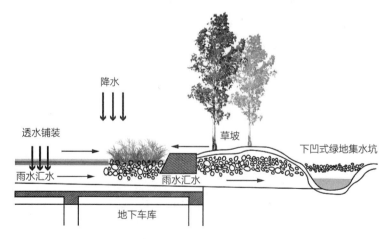

图3-4-2 下凹式绿地集水示意图
（图片来源：自绘）

2．地面渗透集水

雨水回灌地下，补充涵养地下水源，改善生态环境，缓解地面沉淀、减少水涝等。利用各种人工设施强化雨水渗透是城市雨水利用的重要途径，雨水渗透设施主要有渗透集水井、透水性铺装、渗透管、渗透沟、渗透池等（图3-4-3）。

3．道路雨水收集

将道路两侧的绿化和雨水收集口相结合，通过绿化过滤道路径流进行雨水收集回用（图3-4-4）。城市道路是一个收集利用雨水的好场所，只要在公路的边上每隔一定的距离建一蓄水池，再把各个蓄水池串联起来，形成统一的蓄水系统，结合绿化带的用水，就可以方便地收集和取用雨水（图3-4-5）。

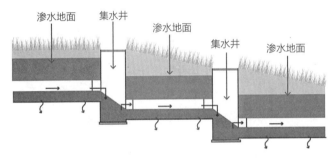

图3-4-3　地面渗透集水示意图
（图片来源：自绘）

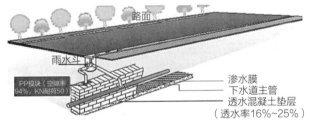

图3-4-4　路面雨水收集
（图片来源：网络）

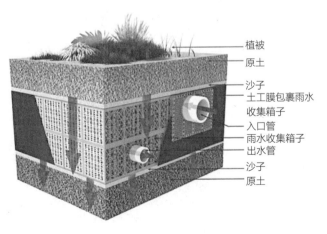

图3-4-5　道路雨水收集系统结构
（图片来源：网络）

3.4.3 雨水储存净化

1. 雨水储存方式

1）成型雨水蓄水箱

用于雨水收集以后，将雨水储存，主要起了中转水的效果，一般蓄水箱分为不锈钢水箱、玻璃钢水箱、混凝土水箱等种类，各种材料根据当时的施工状况及安装要求做不同的选择。

2）塑料模块组合水池

此种蓄水池由多个模块单体组合，在施工现场拼合成整体，并通过包裹防渗材料，形成地下蓄水池。单体模块根据雨水量和用户需求，组成不同形状和不同体积，并可根据使用场合承载力不同，选择不同结构形式、不同承载强度的塑料模块（图3-4-6）。具有施工快捷、布局灵活、抗震性能好、不会渗漏、可拆卸异地重建等优点。

 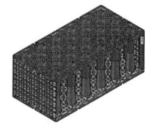

（a）整体式储水模块　　　（b）拼装式储水模块　　　（c）组合式储水模块

图3-4-6　塑料模块组合水池
（图片来源：网络）

2. 雨水净化方式

1）自然净化系统

通过自然方式过滤雨水，达到净化雨水的目的。它主要有4种途径：土壤涵养净化、自然沉淀、植物净化、渗透过滤。雨水的初期净化主要依靠自然净化，除了简单实用的渗透溢流井外，没有专门的人工设施，方法简单，投资少，效果非常突出。

2）人工过滤系统

人工过滤系统是指建设大量人工设施，包括雨水蓄水池、雨水过滤装置、雨水消毒设施来达到收集、净化雨水目的的体系（图3-4-7）。在环境污染较严重的地区或对雨水水质要求较高时可考虑采用此系统。

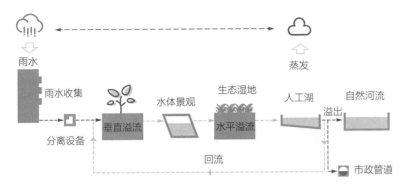

图3-4-7 雨水净化系统示意图
（图片来源：自绘）

3.4.4 雨水收集综合案例

在绿色建筑案例中，往往一个建筑体存在多种方式的雨水系统组合，通过各种途径和措施收集屋面雨水和场地雨水，并结合建筑内部中水的处理，最大限度地有效节水和利用水资源，使得水资源实现真正意义的循环利用。

案例1：清华大学环境能源楼

清华大学环境能源楼设计中利用地下室四周的通风采光井空间，将屋顶平台落水收集的雨水回收至地下二层的雨水贮水池，与建筑内的生活废水混合成为中水（图3-4-8）。在地下二层设有中水处理站，每天可以处理约50立方米中水，经处理后的中水用于建筑内部的卫生间冲厕、屋顶花园和室外草地灌溉等（图3-4-9）。

图3-4-8 环境能源楼外观
（图片来源：网络）

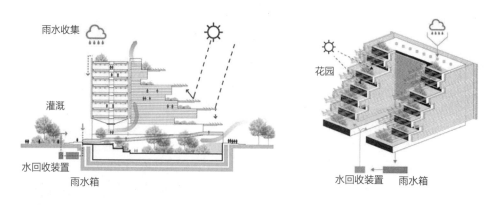

图3-4-9 雨水收集利用系统示意
（图片来源：网络）

案例2：深圳建科大楼

深圳建科大楼通过绿化植物与设备结合形成了中水、雨水、人工湿地与景观的集成系统（图3-4-10）。屋面雨水经过绿化屋面滤水层过滤后通过软式透水管排入雨水收集井，然后通过雨水斗进入雨水管网。建筑周边全部采用便于雨水渗透的透水砖构造，室外道路设置雨水收集带，也通过软式透水管进入雨水管网。雨水管网中的雨水进入雨水收集池后，由提升泵提升进入人工湿地处理系统后进入雨水清水池，供绿化泵和景观水泵使用。在雨季时，室外绿化浇水、景观水景补水、人工湿地补水和喷泉补水均由处理后的雨水提供，雨水回用规模为每日36.61立方米。旱季雨水不足时，由中水系统提供道路冲洗及景观水池补水用水，以减少市政用水量（图3-4-11、图3-4-12）。

图3-4-10 深圳建科大楼鸟瞰
（图片来源：网络）

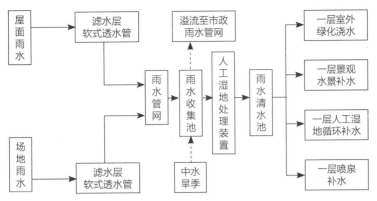

图3-4-11 中水、雨水、人工湿地与景观集成系统
（图片来源：根据深圳市建筑科学研究院有限公司资料自绘）

（a）处理中水　　　　　　　　　（b）处理雨水

（c）室外水景雨水调储池　　　　（d）空中花园雨水调储池

图3-4-12 人工湿地及雨水调储池
（图片来源：网络）

案例3：国家体育场

国家体育场"鸟巢"的雨洪利用系统，是目前国内最大型的雨水收集设施（图3-4-13）。主要是利用分布在"鸟巢"钢结构屋面的雨水斗和地面草坪等处的雨水口将雨水收集起来，收集的雨水过滤净化后再次利用，可以用于比赛场地草坪灌溉、空调水冷却、冲厕、绿化、消防等9类用途，与市政中水共同组成国家体育场的回用水系统。

鸟巢采用的虹吸雨水排水系统，主要是按照当地的降雨强度对应建筑屋面的汇水面积得出的雨水量设计配置出来的。屋顶有近千个雨水收集口，可串联多个雨水斗排水系统。收集的雨水汇集到隐藏在钢结构中的120个雨水口中，雨水顺着钢结构内部的网络，进入地下雨水处理中心。经过石英砂过滤、超滤膜过滤和纳滤膜过滤三道先进的处理工艺，使中水回用、污水处理再生利用率达到100%，可解决场馆70%的用水需要（图3-4-14）。

图3-4-13　国家体育场外观
（图片来源：网络）

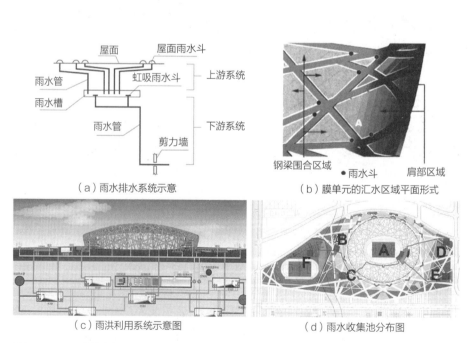

图3-4-14　国家体育场雨水收集示意图
（图片来源：a：廖国健，吴俊汐. 虹吸系统在大型公共建筑中的应用 [J]. 铁道标准设计，2008.；
b：刘鹏，朱跃云，郭汝艳. 国家体育场屋面雨水设计中的难点问题 [J]. 给水排水，2006.；c、d：李兴钢.
第一见证："鸟巢"的诞生、理念、技术和时代决定性 [D]. 天津：天津大学，2012.）

案例4：杭州国际博览中心

杭州国际博览中心将屋顶的自然雨水和场馆其余区域雨水收集起来，汇至场馆东侧的大型雨水回收池（图3-4-15）。经过简单的沉淀等作用后，雨水进入蓄水池用来补给景观用水。景观用水经过位于屋顶夹层的人工干预式生态水处理系统的净化后，被提升至午宴厅底部景观蓄水池，然后经过假山跌水、小溪涧等流经全园。在水系末端，水将重新汇至雨水回收池，处理后将再次返回至午宴厅景观蓄水池，从而形成景观水系的自身循环（图3-4-16）。

图3-4-15 杭州国际博览中心
（图片来源：网络）

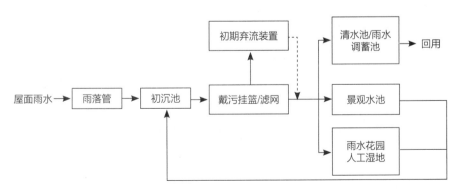

图3-4-16 屋面雨水收集利用示意图
（图片来源：吴劫，钟江波，盛国祥. 杭州G20峰会主会场屋顶花园营建技术探讨［J］. 中国园林，2016.）

案例5：澳大利亚像素大楼

澳大利亚像素大楼具有先进的水循环利用系统，其主要供给水源为回收雨水，在建筑中仅需消耗极少量的饮用水（图3-4-17）。雨水在建筑中会被重复利用三次：第一次利用是浇灌屋顶花园，植物和土壤初步过滤雨水，雨水穿过花园储存到建筑地下层的雨水箱中；第二次利用是对回收的雨水进行处理后进入到建筑的给水设备中去，作为生活用水；第三次利用则是水的回收，首先是洗手和洗澡产生的灰水通过排水管道流至首层，经过净化后泵送至建筑的种植阳台来浇灌植物，而经过厕所和厨房水池的污水，被收集在首层的大水箱中保存15天以上。在此期间，污水可以提取出甲烷气体，作为天然气供热燃料补给，为室内提供洗澡的热水，而淋浴后的灰水则可以再次用于灌溉（图3-4-18、图3-4-19）。

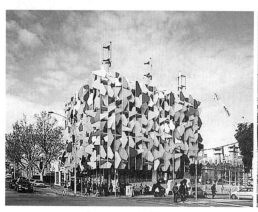

图3-4-17　像素大楼外观及其屋顶绿化
（图片来源：戴维·沃尔德伦，李珺杰. 像素大楼——澳洲绿色之星建筑［J］. 动感（生态城市与绿色建筑），2012.）

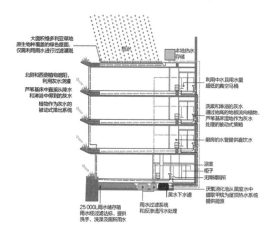
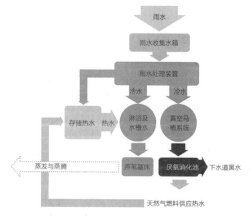

图3-4-18　雨水收集示意
（图片来源：戴维·沃尔德伦，李珺杰. 像素大楼——澳洲绿色之星建筑［J］. 动感（生态城市与绿色建筑），2012.）

图3-4-19　雨水循环示意
（图片来源：戴维·沃尔德伦，李珺杰. 像素大楼——澳洲绿色之星建筑［J］. 动感（生态城市与绿色建筑），2012.）

案例6：纽约市皇后区植物园游客及管理中心

由BKSK建筑公司设计的皇后区植物园游客及管理中心，位于纽约市法拉盛皇后区植物园的东北角，是纽约第一个LEED铂金认证的建筑（图3-4-20）。游客及管理中心将建筑和环境作为一个整体，雨水经雨篷落入净化生物区，之后和建筑排出的灰水一同汇入生态湿地，经生态湿地净化处理后再经建筑入口喷泉喷出，最终又流入净化生物区。从而实现水系统的闭合，使得水资源实现真正意义的循环利用（图3-4-21）。

图3-4-20　雨水从入口雨篷降落到生物净化区
（图片来源：高喜红. LEED铂金建筑解读——以纽约市某游客及管理中心为例［J］. 世界建筑，2014.）

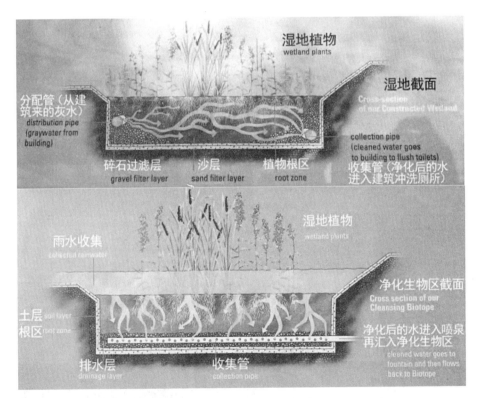

图3-4-21　雨水收集循环示意图
（图片来源：高喜红. LEED铂金建筑解读——以纽约市某游客及管理中心为例［J］. 世界建筑，2014.）

3.5　立体绿化

建筑立体绿化是传统地面绿化方式在建筑竖向空间的延续和发展，既解决了地面绿化用地有限的问题，也解决了传统建筑空间缺乏自然生态要素的问题，更为城市空气污染防治、景观品质的提升提供了新的路径，是绿色建筑设计中最为直观和有效的要素之一。运用立体绿化可以丰富环境绿化的空间结构层次，还可以结合外围护结构进行设计，提升围护结构保温性能，从而减少建筑能耗。

3.5.1　屋顶绿化

屋顶绿化是以建筑物屋顶为依托，根据建筑屋顶结构特点、荷载和屋顶上的生态环境条件，选择生长习性与之相适应的植物材料，通过一定技艺，在建筑物顶部及一些特殊空间建造绿色景观的一种空间绿化形式。它包含露台、天台、阳台、墙体、地下车库顶部、立交桥等一切不与地面、自然、土壤相连接的各类建筑物和构筑物的特殊空间的绿化。可分为开敞型、半密集型、密集型几类（图3-5-1）。

1．开敞型绿化

开敞型屋顶绿化又称粗放型屋顶绿化，采用草皮及地被植物等荷载较小的植物对屋顶进行绿化，主要依靠自然降水，且建造速度快、成本低、重量轻，适合荷载有限以及后期养护投资有限的建筑屋顶。

建设于河北高碑店列车新城的龙湖顺达被动房博物馆，采用建筑与景观结合的方式，结合"消隐于环境"的设计初衷，让人在建筑中体验到有趣的、园林式的步移景异和内外空间的渗透与借景（图3-5-2）。建筑的整体参观流线精心设计，每一次路径的转折，都对着一处小景，引人靠近。西北

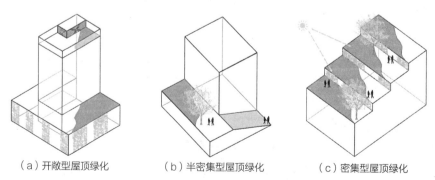

（a）开敞型屋顶绿化　　　　（b）半密集型屋顶绿化　　　　（c）密集型屋顶绿化

图3-5-1　屋顶绿化类型

（图片来源：张文凯. 北京高层办公建筑公共空间立体绿化设计研究［D］. 北京：北京建筑大学，2020.）

侧的雨水花园则是若干对景处理中代表性的一例，让西北角埋于土坡内的展厅，视线上稍微放松透气，顺带引入了屋面和土坡局部的雨水径流，灌溉层层台地后引入小院。中庭台阶的观景指示性更明显，往南是居高临下，视线越过广场看树林，往北是先抑后扬，爬过台阶，终于开阔，走出户外。北侧出户外后，便可顺着钢板嵌入山体开出的一条步道，在沿路忽高忽低的草丛变化中，从不同的角度体验山体的风景（图3-5-3）。

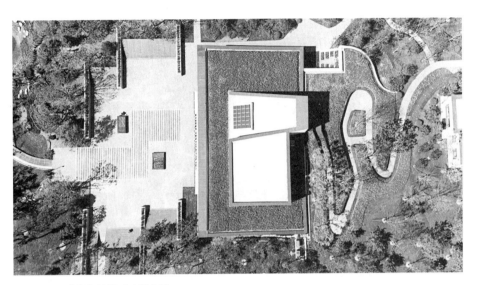

图3-5-2 龙湖顺达被动房博物馆

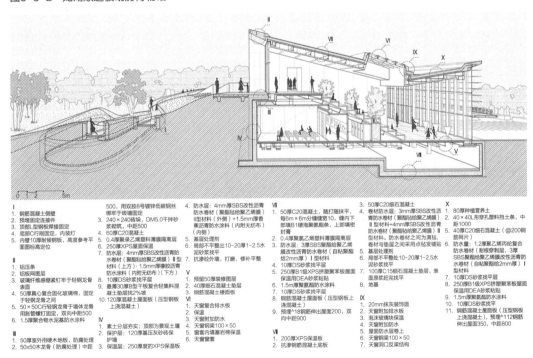

图3-5-3 龙湖顺达被动房博物馆剖面图示
（图片来源：网络）

2．半密集型绿化

半密集型屋顶绿化主要种植一些更具观赏性的地被植物和低矮灌木，对植物的种类和养护要求更高。此种类型在开敞型屋顶绿化的基础上，添加了人工雕琢的元素，将低矮灌木和彩色花朵结合，设计更加自由，一些人工造景也可融入其中，兼备观赏性。

上海华鑫天地综合楼项目中采用开发出的城市地形概念创建"人造景观"的效果，运用于折纸状的坡屋顶，与河岸绿化一道，形成一条公共步行道，改变了当地居民的日常活动空间，也重新唤起运河的生机与活力，充分体现建筑与自然的融合（图3-5-4）。

3．密集型绿化

此类型又称为屋顶花园，通常可以加入草、树、亭、池等多样性设计元素，将植被绿化与人工造景进行组合，形成高低错落、疏密有致的植物景观与亭台水榭的人文景观，为人们提供休闲活动场所，但对于养护和灌溉的要求较高。

图3-5-4　华鑫天地实景
（图片来源：网络）

深业泰然大厦利用富有层次的立体绿化模式与建筑空间相互融合，改善了周边的生态环境和建筑的微气候环境，有效降低室内太阳辐射量，净化室外空气，改善室内的热舒适环境，降低能源消耗（图3-5-5）。

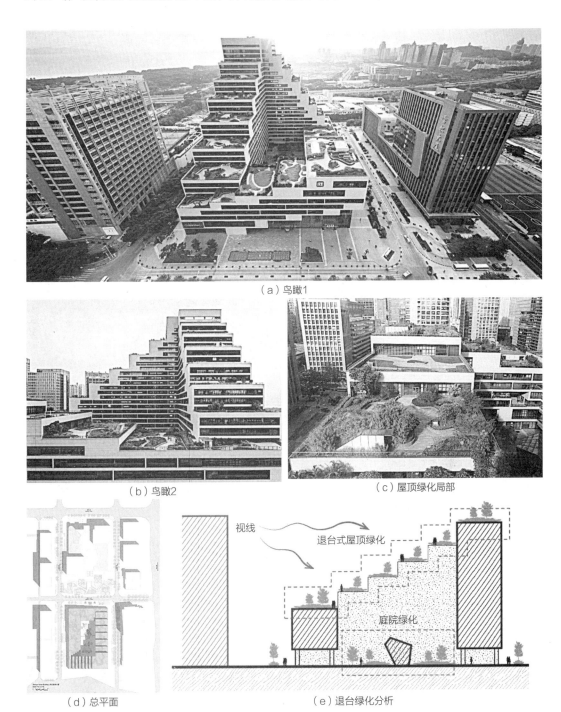

（a）鸟瞰1

（b）鸟瞰2

（c）屋顶绿化局部

（d）总平面

（e）退台绿化分析

图3-5-5　深业泰然大厦

（图片来源：a、b、c：网络；d、e：李岳.珠三角地区办公建筑立体绿化设计研究［D］.广州：华南理工大学，2017.）

北京辉煌时代大厦将建筑造型与屋顶花园相结合，一方面可以使办公人员到每层的屋顶花园，从而获得一个远离城市喧闹的环境；另一方面采用退台式造型也可以使屋顶景观最大限度地参与到城市立体绿化中，提高城市空间景观品质（图3-5-6）。

苏州中衡设计集团研发中心项目在中厅顶部将裙楼屋顶的主要部分分为东西两侧，东侧是园林景观的休憩场所，是员工休息时散步、聊天的好去处。西侧是员工可以参与互动的屋顶农场，可以在闲暇之余享受"自给自足"的悠闲生活（图3-5-7）。

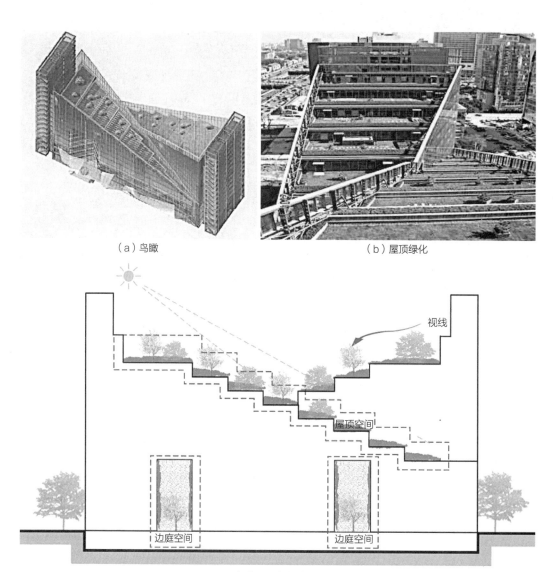

（a）鸟瞰　　　　　　　　　　（b）屋顶绿化

（c）屋顶绿化分析

图3-5-6　北京辉煌时代大厦

（图片来源：a、b：崔彤. 辉煌时代大厦 [J]. 建筑学报，2005.；c：张文凯. 北京高层办公建筑公共空间立体绿化设计研究 [D]. 北京：北京建筑大学，2020.）

图3-5-7 苏州中衡设计集团研发中心屋顶农场

(图片来源：李铮等. 传统与现代相融的绿色建筑——中衡设计集团研发中心［J］. 建筑技艺，2016.)

3.5.2 垂直绿化

建筑外立面容易受到外部环境的影响，通过绿化给建筑加上"保护层"，能够对外部环境起到一定程度的阻挡作用，隔绝掉部分外部因素对建筑立面的侵蚀，同时对建筑室内空间环境具有一定的改善作用。

1. 墙面绿化

利用建筑墙面或墙面构件作为绿化的承载，形成建筑外立面大面积表皮绿化，对建筑具有一定的隔热和遮阳功能。绿化植物多选用攀援植物或垂吊植物。可分为附壁式、构件辅助式、种植槽式和模块式四类（图3-5-8）。

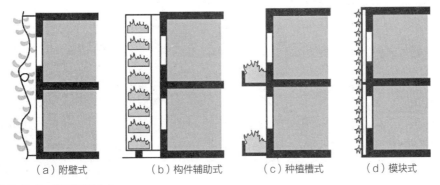

（a）附壁式　　　（b）构件辅助式　　　（c）种植槽式　　　（d）模块式

图3-5-8 墙面绿化形式

（图片来源：沈欣 绘制）

1）附壁式

附壁式是指依靠植物自身的攀爬特点在墙面上自由攀爬，建筑墙体表面应较为粗糙。可以较少地依赖人工设备的辅助，将植物的自然特性在建筑中表现发挥到最大。

在泰国的素坤逸路38号高层建筑的设计中，建筑师在建筑的东西两侧覆盖绿色的攀援植物，这些植物不光有助于减少进入建筑的热量，还能使得建筑与周边环境更加和谐（图3-5-9、图3-5-10）。另外，设计中还在每个楼层安排了一个向外探出的构件作为种植花盆，在其内放置覆土深度仅需600毫米的抗风耐寒易维护的快生植物，同时为这些植物配置自动灌溉系统，良好的防水组织和无障碍的维护通道，确保其能够长期使用（图3-5-11）。

图3-5-9　素坤逸路38号侧墙垂直绿化
（图片来源：网络）

图3-5-10　墙面种植花盆
（图片来源：网络）

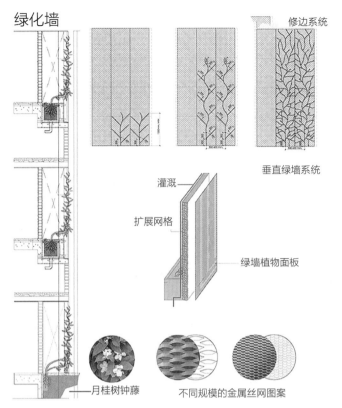

图3-5-11 墙面植物分析
（图片来源：网络）

2）构件辅助式

构件辅助式是利用攀爬植物生长有卷须和主茎缠绕物体生长的特点，在建筑物上附加构件或者在墙体附近搭设网架构件使植物沿此攀援生长。根据所选植物的尺寸，辅助构件间距不宜过大。

印度的KMC公司办公楼（图3-5-12）采用双层表皮外墙，外层立面由带有水培托盘的定制铸造铝格栅和集成滴灌系统组成，用于种植各种植物。这种活态幕墙系统给进入建筑物的空气加湿，通过遮阳和蒸发吸热来给室内空气调温，并在夏季清洁立面的灰尘。格栅还具有集成的雾化系统，控制和调节释放给植物的水量和时间，并由专人进行保养、修剪和维护。

3）种植槽式

种植槽式是指结合建筑立面和空间设计在建筑物墙体上设置适当尺寸的种植槽或通过构件安装种植箱或种植盆来种植植物、花卉等。该方式需至少保证深度在450毫米以上，宽度在300毫米以上，并且横向延伸较长的连续状态，同时设置灌溉和排水措施。

在南宁生态环境科普教育馆中以模块化的混凝土种植箱代替传统的覆土

屋面绿化，砌块错位产生的空隙为植物的生长提供了空间，通过错位空间的缝隙排除积水，有效避免了积水泡根，增加了浅根系植物的通风透气，有利于雨水排放的同时也可以形成富有韵律感的肌理效果，而且灵活组合搭配便于后期更换和维护（图3-5-13）。

（a）外观

（b）外墙细部   （c）外墙剖面   （d）幕墙系统分析

（e）植物外墙修剪维护

图3-5-12　KMC公司办公楼

（图片来源：拉胡尔·迈赫罗特拉 等. KMC公司办公楼，海得拉巴，安得拉邦，印度［J］. 世界建筑，2019.）

（a）鸟瞰

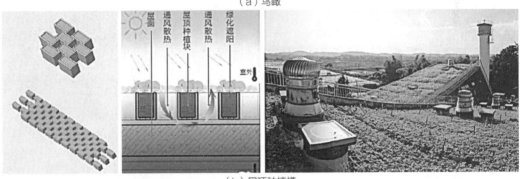

（b）屋顶种植槽

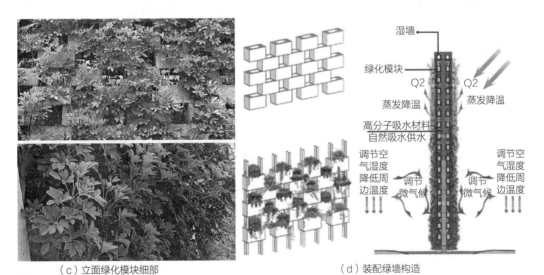

（c）立面绿化模块细部　　　　　　（d）装配绿墙构造

图3-5-13　南宁生态环境科普教育馆

（图片来源：庞波 等. 广西南宁生态环境科普教育馆项目建造实践［J］. 建筑技艺，2019.）

建筑的入口正面和背面幕墙较多的地方各设了一片垂直绿化湿墙，通过植物的蒸发作用来实现局部降温隔热，也减少了从室外传入室内的热量。同时通过加气混凝土砖的渗透作用从地面向上传递水分，为植物生长提供条件，也起到降低入口和周边环境温度的作用。

4）模块式

模块式是指制作一定大小的板状种植容器，通过合理搭接安装固定到建筑墙面上或距墙面一定距离独立设置的不锈钢等骨架上，快速形成绿化效果。

上海世博会阿尔萨斯馆建筑南立面采用模块化的"植被墙"，该"植被墙"采用盛装轻质种植土的土袋和标准的种植箱，并整合具有施肥功能的专业微灌系统。整个种植墙面的结构采用标准化构件，仅需螺栓固定，安装迅速，维护便捷（图3-5-14、图3-5-15）。

图3-5-14　阿尔萨斯馆外观
（图片来源：王明 等. 2010 年上海世博会绿色建筑典型案例分析 [J]. 建筑节能，2011.）

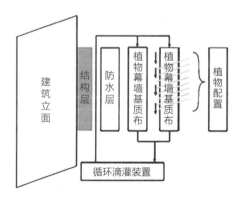

图3-5-15　阿尔萨斯馆绿化结构示意
（图片来源：吴寒. 浅谈国内外垂直绿化差异 [J]. 科技创新与生产力，2019.）

2．挑台绿化

利用建筑形体变化形成的挑台空间进行绿化，具有较强的灵活性，在建筑中可以起到点缀的作用（图3-5-16）。

新加坡必麒麟街派乐雅酒店建筑内部空间充分与绿色植物结合，每隔三层客房就有一个悬挑的绿意盎然的空中花园，空中花园中的植物充分进行光合作用，在吸收光能的同时也能降低建筑周围的温度（图3-5-17）。

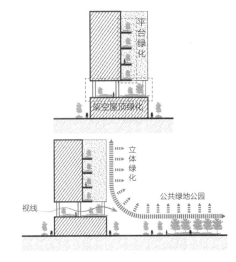

图3-5-16 挑台绿化

（图片来源：张文凯. 北京高层办公建筑公共空间立体绿化设计研究 [D]. 北京：北京建筑大学，2020.）

（a）酒店外观

（b）空中花园

图3-5-17 必麒麟街派乐雅酒店

（图片来源：网络）

3. 阳台、窗台绿化

利用阳台、窗台室内外的过渡空间进行种植绿化，是一种比较容易实施且方便养护的绿化方式，注意考虑阳台、窗台的所能承受的荷载，避免使用过重的盆栽或种植槽。

我国台湾省台北市信义区的陶朱隐园景观设计以塔楼为核心，以圆弧的形式向外辐射。建筑在垂直方向上提供了宽敞的阳台作为种植果园、有机菜园、芳香花园和其他药用花园的空间，楼里的居民居住并栽培垂直农场，创造了一种依据自然和气候设计的新生活方式（图3-5-18）。

意大利都灵的绿宅25号建筑设计理念是有生命的建筑，其外观会随着立面阳台上覆盖着的150棵粗壮的树木而生长、呼吸和变化。再加上内院花园中的50棵树，构建出城市中的树林，用以制造氧气、吸收二氧化碳、降低空气污染、隔绝噪声，同时在建筑内部形成完美的微气候环境，创造出和谐舒适的人居环境（图3-5-19）。

图3-5-18　陶朱隐园垂直农场
（图片来源：Vincent Callebaut，马琴. 陶朱隐园，台北，中国台湾[J]. 建筑技艺，2016.）

（a）外观

（b）建筑剖面

（c）立面街景

（d）内部庭院

图3-5-19　意大利绿宅25号

（图片来源：黄华青，王欣欣. 绿宅25号，都灵，意大利［J］. 世界建筑，2016.06）

悉尼的中央公园一号项目中利用"生物塔楼"阻隔热量，减少能源消耗。繁茂的绿植沿着玻璃塔从下而上攀爬，植被的芽蕾和花朵组成垂直的外立面，藤蔓和绿叶在楼层之间蔓延，它的垂直花园总面积超过了1100平方米（图3-5-20）。

位于米兰的垂直森林项目，整栋建筑种植的所有树木加起来相当于一个2公顷的森林。建筑上上下下的阳台错落有致，每六层重复一次。每层单独的阳台就是一个被自然环抱的植物景观单元，自然元素与建筑结构产生了深层的互动关系。灌溉建筑的水来源于收集的雨水，灌溉系统依靠太阳能供电，每种植物的种类以及自身的适应条件都经过精心筛选（图3-5-21）。

位于湖北黄冈的居然之家垂直森林城市综合体结合了开放式和封闭式阳台，创作出新型的垂直森林，在塔楼外立面采用悬挑元素，结合阳台空间打破建筑的规整性，也为植物的生长提供了一个富有层次和变化的平台，使得树木和灌木的存在更加突出。不但让建筑拥有可以欣赏到绿树成荫的立面的绝佳视野，同时增强了对绿色植物的感官体验，并将植物景观与建筑维度融为一体，让久居城市的人们也能充分感受被自然环绕的惬意（图3-5-22）。

建筑外立面种植了选自当地树种中的404棵乔木（主要树种包括银杏、桂花、血皮槭、女贞、蜡梅等）、4620株灌木（主要是中灌木和小灌木，如木芙蓉、胡颓子、南天竹、卫矛等），以及2408平方米的多年生花草和沿阶

（a）外观　　　　　　　　　　　　　　（b）立面细部及阳台实景

图3-5-20 中央公园一号

（图片来源：Dandan Wang.中央公园一号，悉尼，澳大利亚［J］.世界建筑，2018.）

（a）外观

（b）阳台细部1

（c）阳台细部2

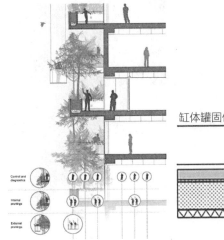

（d）阳台绿化构造

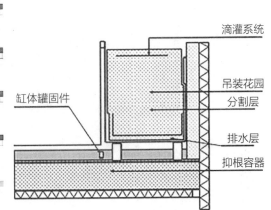

滴灌系统

缸体罐固件

吊装花园

分割层

排水层

抑根容器

（e）种植盆节点大样

图3-5-21　米兰垂直森林

（图片来源：a、b、c：网络；d：陈雪. 深圳市办公建筑立体绿化设计研究［D］. 成都：西南交通大学，2019.；e：吴寒. 浅谈国内外垂直绿化差异［J］. 科技创新与生产力，2019.）

图3-5-22　黄冈居然之家
外观
（图片来源：网络）

草、佛甲草、金边麦冬等攀援植物。预计每年将会吸收城市中22吨二氧化碳，产生11吨氧气。

位于苏州河畔的大型商业综合体天安千树项目借鉴了中国黄山和各地山脉的雕塑感特征，以立体造园的手法打造由400级台阶、1000根结构柱形成的山峰树状露台，1000多棵绿植栽种于上，将建筑与自然充分融合，在城市中心区域打造出山、林、水，倡导人与自然和谐共生的理念（图3-5-23）。

项目配备了先进的乔木固定、雨水感应一体的现代种植系统。其中的自动滴灌系统在精确控制施水和节水的同时，还可以有效湿润作物根部附近土壤，避免了传统绿化浇水养护造成的土壤冲刷和板结等诸多不利。

（a）鸟瞰

（b）立面细部

（c）结构柱

图3-5-23　天安千树项目

（图片来源：网络）

3.5.3　复合空间绿化

在实际建筑设计中，庭院布局更多的是采用了复合庭院的布局模式。这种复合庭院是由一系列单个庭院组合而成的庭院系统，具有更好的生态效益（图3-5-24、图3-5-25）。

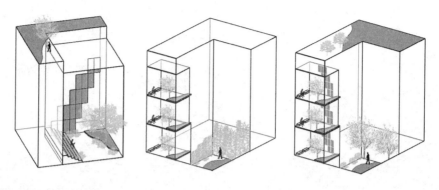

图3-5-24　复合空间绿化形式
（图片来源：张文凯. 北京高层办公建筑公共空间立体绿化设计研究［D］. 北京：北京建筑大学，2020.）

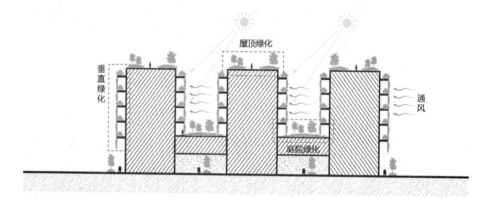

图3-5-25　复合绿化布局示意
（图片来源：李岳. 珠三角地区办公建筑立体绿化设计研究［D］. 广州：华南理工大学，2017.）

　　在新加坡启汇城Solaris大楼建筑设计中，创造性地运用天窗、庭院的自然采光和通风，以及连续的螺旋形景观斜坡创造出充满活力的空间。在大楼内部由螺旋形斜坡扩展成宽敞的双层空中露台，斜坡凭借其厚重的绿荫和密集的阴生植物对建筑立面进行冷却。而螺旋形景观斜坡的维护是通过一条平行的路径实现的，不需要进入租户的内部空间就能够进行种植维护服务。这条路径还起到了连接地面到最上层屋顶区域的线性公园的作用。该项目的绿化面积之和超过了建筑的基地面积（图3-5-26）。

　　新加坡市中豪亚酒店项目采用多种绿化形式的组合，建筑外部附加了一层红色的铝网板，绿化植物不与建筑墙体直接接触。同时在建筑内部的不同位置设置多个空中花园形成多级分层次的复合绿化。其外立面绿化一方面通过红色系不同色相的网板的颜色的变化，在顺应建筑造型的基础上产生新的节奏与韵律，另一方面种植的攀援植物不人为固定其生长范围，植物会根据自身对光线、风向的需求主动占据最利于自身生长的位置（图3-5-27）。

（a）外观

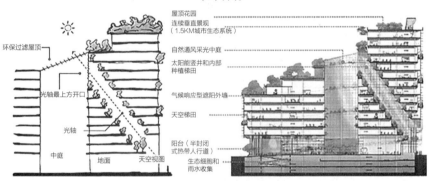

屋顶花园
连续垂直景观
（1.5KM城市生态系统）
自然通风采光中庭
太阳能竖井和内部
种植梯田
气候响应型遮阳外墙
天空梯田
阳台（半封闭
式热带人行道）
生态细胞和
雨水收集

环保过滤屋顶
光轴最上方开口
光轴
中庭　地面　天空视图

（b）采光中庭与可持续系统示意

（c）螺旋形景观斜坡

图3-5-26　Solaris大楼
（图片来源：杨经文，马琴. 新加坡启汇城Solaris大楼［J］. 建筑技艺，2016.）

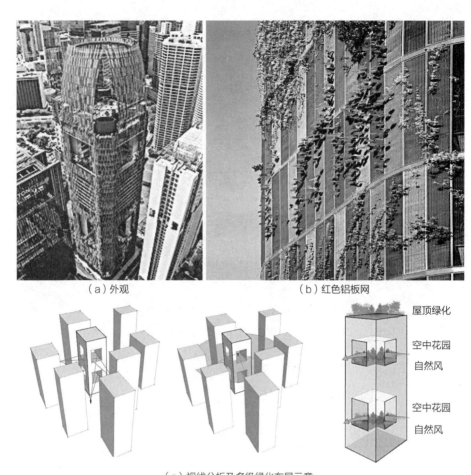

（a）外观　　　　　　　　　　（b）红色铝板网

屋顶绿化
空中花园
自然风
空中花园
自然风

（c）视线分析及多级绿化布局示意

图3-5-27　市中豪亚酒店

（图片来源：陈雪. 深圳市办公建筑立体绿化设计研究［D］. 成都：西南交通大学，2019.）

3.5.4　室内空间绿化

在建筑内部，由于基本的建筑功能要求，绿化不会成为建筑空间的绝对主角，但在一定区域内，可以形成一定规模的绿化空间。同时绿化也可以作为功能空间的点缀，为主要功能空间烘托气氛、调节环境氛围（图3-5-28）。

1．集中式

有一定面积规模、植物构成较为复杂的集中绿化空间，往往同时具有一定的活动功能，在建筑中常处于门厅、中庭和边庭处（图3-5-29）。

在新加坡的"悬挂花园"的室内绿化设计中，整个中庭空间内悬挂13000颗植物盆栽，实现350平方米的垂直绿化。另外利用平面空间实现70平方米的平面种植绿化。所有的绿化都采用自动灌溉系统，达到室内遮阳的目的，创造宜人舒适的交流环境（图3-5-30）。

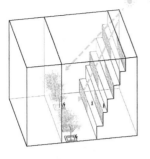

（a）集中式　　　　　　　　　（b）点缀式

图3-5-28　室内空间绿化形式
（图片来源：张文凯. 北京高层办公建筑公共空间立体绿化设计研究［D］. 北京：北京建筑大学，2020.）

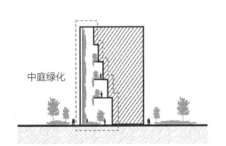

图3-5-29　集中式绿化示意
（图片来源：李岳. 珠三角地区办公建筑立体绿化设计研究［D］. 广州：华南理工大学，2017.）

（a）外观　　　　　　　　　　　　（b）中庭

图3-5-30　新加坡悬挂花园
（图片来源：网络）

| （a）内庭实景 | （b）可移动的植物 |

图3-5-31　英国巴克莱银行总部大楼
（图片来源：网络）

2．点缀式

点缀式绿化以其灵活性的优点置于建筑室内，只要达到一定的光照、温湿度和通风要求，植物即可在室内生长，且可以根据空间的功能排布需要灵活布置，是室内绿化的最为常见手段。

英国巴克莱银行总部大楼中的容器式种植可根据建筑内部使用功能的需要进行移动，可有效改善室内空间的环境和装饰，为使用者提供大量的交流活动空间（图3-5-31）。

3.6　可再生能源

可再生能源是指风能、太阳能、水能、生物质能、地热能、海洋能等非化石能源，是取之不尽、用之不竭的能源，是相对于化石能源等不可再生能源的一种能源，对环境无害或危害极小，而且资源分布广泛，适宜就地开发利用。

3.6.1　太阳能

太阳能是指来自太阳辐射的光和热及其转化为其他形式的一种能量。目前在建筑中的运用包括太阳能发电、太阳能热水、太阳能空气集热、太阳能空调、主动式太阳能采暖以及被动式太阳房。应用于建筑中的太阳能集热技术主要有太阳能热水器系统、主动式太阳能采暖技术、热能驱动太阳能吸收式空调技术及被动式加热的空气集热技术等，其中，前两种利用太阳能集热技术在建筑的一体化中应用最为普遍，技术相对更成熟。

1．太阳能发电

太阳能发电的基本原理是光生伏特效应原理（图3-6-1），太阳光照在某些特殊材料上，会引起材料中电子的移动，形成电势差，从而将太阳能转化成电能。这其中的特殊材料为太阳能电池半导体，即太阳能电池（片），是光伏发电的最基本元件，它包括有单晶硅、多晶硅、非晶硅和薄膜电池等。由于晶体硅比非晶体硅的发电效率高，所以目前市场上晶体硅太阳电池（包括单晶硅、多品硅电池）占主导地位。

太阳能发电在建筑中的利用形式可分为屋面太阳能发电、立面太阳能发电（图3-6-2）。

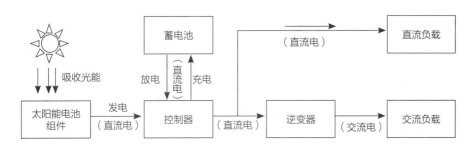

图3-6-1 太阳能光伏发电系统基本构成图
（图片来源：网络）

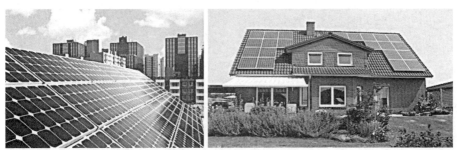

（a）太阳能光伏发电板与结合屋面的太阳能光伏发电

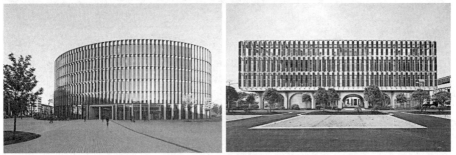

（b）结合立面的太阳能光伏发电

图3-6-2 太阳能发电的利用形式
（图片来源：网络）

1）屋面太阳能发电

案例1：欧盟新总部大楼

2004年欧盟扩大后，欧盟委员会会议将在布鲁塞尔举行，比利时政府向理事会提议将毗邻的Residence Palace的A座移交给欧盟，待翻修之后，可作为欧洲议会和理事会的新办公场所。理事会希望这个建筑成为可持续发展的样板。这一愿望显示在建筑和技术设计的许多方面。例如，可以为大楼提供电力的太阳能电池板大屋面将新旧建筑覆盖于其下，这也标志着现在、过去和未来之间的联系（图3-6-3）。

图3-6-3　欧盟新总部大楼
（图片来源：网络）

案例2：台湾高雄太阳能体育场

体育场约有13000平方米的顶棚已铺设了8800块太阳能板，具备1000千瓦·时及110万千瓦/年的发电能力。此举可每年减少660吨二氧化碳排放。屋盖结构环绕整座场馆盘旋而上，同时采集利用天然能源，俨然是一个活的有机体（图3-6-4）。

图3-6-4　台湾高雄太阳能体育场
（图片来源：城市建筑2010.11）

案例3：河北宾馆·安悦

　　整个项目以青葱翠绿的园林环境点缀，部分别墅屋顶种植了绿植，以降低室温及减少耗能。项目内也设置了不少水景以缓和热岛效应。朝南的屋顶斜面上也安装了太阳能板，进一步提升能源效益，而悬挑的屋顶设计使建筑物在夏季时更为凉快（图3-6-5）。

标志性斜屋顶结合了太阳能热/光伏面板来利用太阳能，并结合污水收集进行回收。

图3-6-5　河北宾馆·安悦
（图片来源：谷德设计网）

案例4：Powerhouse Brattørkaia能源大楼

作为世界最北端的能源积极型建筑，该能源大楼力图制定一个未来建筑的新标准：让建筑在其使用期限内所生产的能源大于消耗。该楼位于北纬63度的挪威特隆赫姆。在那里，阳光的季节差异性十分明显，是收集和储备太阳能的绝佳之地。

项目的主旨分为三个部分：最大限度地生产清洁能源；最大限度地减少能源消耗；竭尽所能地为租户和公众提供一个舒适的空间。项目在选址上也十分用心，一切都以能让建筑获得最大的光照量为前提。为了尽可能多地获取太阳能，其倾斜的五边形屋顶和立面的上部覆盖了近3000平方英尺的太阳能电池板。在一年多的时间里，该建筑使用清洁和可再生能源的总发电量约为50万千瓦时（图3-6-6）。基于此，该建筑已然成为一个位于市中心的小型发电厂，该建筑在发电之余，还利用自身充足的储能空间将储存的电能根据季节性的需求来做调配。

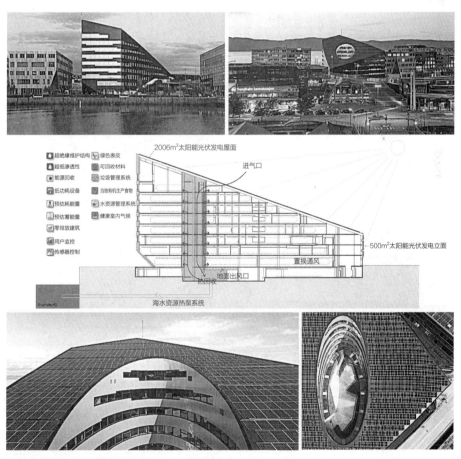

图3-6-6　Powerhouse Brattørkaia能源大楼
（图片来源：网络）

2）立面太阳能发电

案例1：中利电子总部

该项目尝试将光伏板应用于建筑立面。光伏板距建筑外窗垂直距离为600毫米，能够在满足遮阳的同时让漫反射光线尽可能多地进入室内，提供充足的自然采光。整栋楼共使用了684块光伏板，装机容量139.08千瓦。南立面光伏板有三个平面角度可调，分别对应了上午、中午、下午不同的太阳入射角，可以保证发电效率最大化；东西立面光伏板有一个固定的平面角度，也是发电效率最大的角度。屋顶是运用光伏最直接有效的场所，屋顶花园的廊架顶部使用光伏板，既能遮风避雨，拓宽了活动空间，又满足了发电、隔热、保温的功效。整栋建筑理论年发电量152988度，约占建筑年耗电量的25%（图3-6-7）。

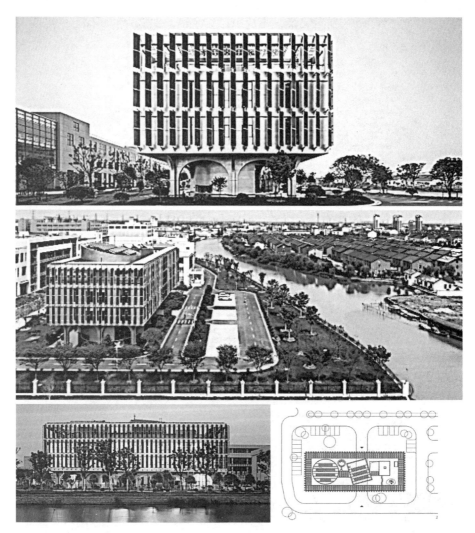

图3-6-7　中利电子总部

（图片来源：建筑技艺2018.8）

案例2：弗莱堡市政厅

世界上第一栋公共净零能耗建筑弗莱堡市政厅，它产生的能量比消耗的能量还要多。弗莱堡新市政厅办公楼及其管理中心和托儿所是世界上第一栋以净剩余能源标准建造的公共建筑，可容纳840名城市管理人员。

市政厅的立面以垂直排布的具有高隔热性能的光伏模块构成，同时兼有隔热、遮阳及发电的功能，在提供建筑室内优化采光、舒适热环境的同时，光伏发电板材能够产生建筑运行所需的电能。圆形幼儿园建筑的外立面环绕着当地的落叶松木制作的木质格栅，格栅墙围合形成了半开敞弧形阳台通道构成了建筑的主要特征。落地玻璃窗为室内提供优质的采光，并且形成室内外双向优美的观景效果（图3-6-8）。

图3-6-8 弗莱堡市政厅
（图片来源：网络）

案例3：哥本哈根国际学校

该建筑采用太阳能板作为建筑立面，其微倾的太阳能板如同建筑的鳞片一般在阳光下闪耀。该太阳能板可提供学校一部分年度的用电量。太阳能板覆盖6048平方米的面积，是丹麦最大的太阳能供应建筑，年发电量200兆瓦。值得一提的是，该建筑的绿色供电方式不仅成为该学校的独有标签，也为教育教学提供了大量数据支撑（图3-6-9）。

图3-6-9 哥本哈根国际学校
（图片来源：网络）

3）智能跟踪太阳能光伏发电

案例1：德国向日葵住宅

建筑追随太阳的转动以赢得更多的清洁能源，其产生的可再生能源是该建筑所需能耗的五倍。正常情况下，向日葵住宅随着太阳运行，每小时旋转15°，因此一天中建筑室内景观随自转而变换。其外立面一半开敞通透，另一半极少开窗尽可能封闭，当开敞面朝向太阳时可最大限度地接收太阳热辐射与光线，而在炎热的夏日里则将封闭的立面转向太阳，建筑则因隔热墙而变得凉爽。

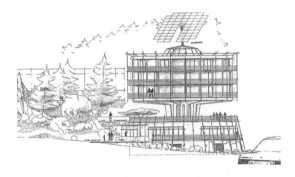

在向日葵住宅的屋顶上有一片由60块太阳能光伏板所组成的"太阳之帆"，总面积为54平方米，其高峰时输出功率可达6.6千瓦，建成以来平均每天可发20多度电。"太阳之帆"可由电脑控制带动，进行垂直-水平双轴旋转，以适应不同的太阳位置与高度角，使其比一般固定式的太阳能板多吸收30%~40%的太阳能。向日葵住宅的全年发电总值为9000千瓦时，是建筑全年所需电力消耗的5倍之多（图3-6-10）。

图3-6-10　德国向日葵住宅
（图片来源：网络）

（a）太阳能外观

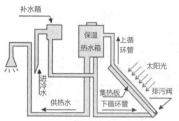

（b）太阳能热水器工作原理图

图3-6-11 太阳能热水系统
（图片来源：网络）

而围绕建筑外走廊的栏杆则是一根根的太阳能真空集热器，总计34.5平方米，其高效的太阳能转化率，专供室内热水与热能需求。

2．太阳能热水

太阳能热水系统是利用太阳能集热器采集太阳热量。阳光的照射使太阳的光能充分转化为热能，系统采集到的热量传输到大型储水保温水箱中，在匹配当量的电力、燃气、燃油等能源，把储水保温水箱中的水加热并成为比较稳定的定量能源设备（图3-6-11）。该系统既可提供生产和生活用热水，又可作为其他太阳能利用形式的冷热源，是目前太阳热能应用发展中最具经济价值、技术最成熟且已商业化的一项应用产品。

案例1：万科松山湖住宅产业化研究基地集合宿舍

设计任务是为在研究基地提供一个容纳155员工的集合居住建筑，并配套运动健身中心、餐厅、会客空间以及其他相应的生活设施。首层公共淋浴由架空层单设的空气源热泵供水。二至四层宿舍卫生间洗浴用水设集中太阳能热水系统。在屋面设太阳能集热板、热水水箱、循环泵，以及辅助能源空气源热泵（图3-6-12）。

图3-6-12 万科松山湖住宅产业化研究基地集合宿舍
（图片来源：建筑学报2017.9）

3．太阳能空气集热

太阳能空气集热器是一种利用太阳能把空气加热升温的装置（图3-6-13）。太阳能空气集热器产生的热风可以作为采暖用途。它以空气作为传热介质，将收集到的热量输送到室内，达到采暖的目的。太阳能空气集热器具有结构简单，造价低廉，接受太阳辐射面积大，可应用范围比较宽泛。由于太阳能空气集热器直接使用太阳辐射热能，无须其他形式能量的转换，避免转化过程的能量损耗，具有较高的能效比。与热水集热器相比，太阳能空气集热器以空气作为传热介质，其导热系数远小于水，所以集热板温度较高，热损较大。此外，由于空气的密度和比热远小于水，其传热、蓄热能力也小得多，加之集热器中吸热体面积有限，与流动空气热交换不够充分。故太阳能空气集热器的集热热效率比较低。基于这个特点，太阳能空气集热器一般在气候不太寒冷地区，或是寒冷地区的过度季节更有其发挥的空间。

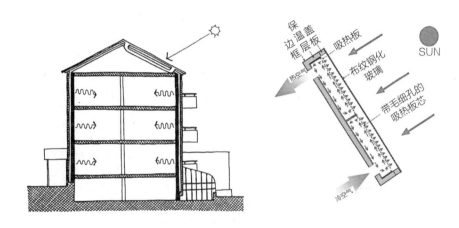

图3-6-13　太阳能空气集热器原理示意图
（图片来源：网络）

3.6.2　风能

风能是空气流动所产生的动能，是太阳能的一种转化形式。由于太阳辐射造成地球表面各部分受热不均匀，引起大气层中压力分布不平衡，在水平气压梯度的作用下，空气沿水平方向运动形成风。风能资源的总储量非常巨大，一年中技术可开发的能量约5.3×10^{13}千瓦时。风能是可再生的清洁能源，储量大、分布广，但它的能量密度低（只有水能的1/800），并且不稳定。在一定的技术条件下，风能可作为一种重要的能源得到开发利用。

建筑上一般采用小型或微型的发电机，风力发电可改善建筑电能消耗大的问题。在建筑上使用发电机，首先要对建筑的外部环境作为风环境的模拟及分析，了解建筑周围风力情况。同样还要考虑设备噪声的问题。与常规能源相比，风力发电最大的问题就是其不稳定性，除此之外，还要考虑如何与既有建筑的风格和造型相协调。

风力发电机可分为水平轴风力发电机和垂直轴风力发电机。水平轴风力发电机的风轮围绕一个水平轴旋转，风轮轴与风向平行。垂直轴风力发电机的风轮围绕一个垂直轴旋转，风轮轴与风向垂直，其优点是可以接受来自任何方向的风，因而当风向改变时不影响发电效率（图3-6-14）。

（a）水平轴风力发电机

（b）垂直轴风力发电机

图3-6-14　风力发电机示意图
（图片来源：网络）

案例1：巴林世贸中心

设计师在双塔之间设置了3个直径达29米的水平轴风力涡轮发电机，这一设计使世贸中心成为世界上首个可为自身持续提供可再生能源的摩天大楼。3台风力发电机每年可提供电力120万千瓦时，为世贸中心提供所需能量的11%~15%，相当于300个家庭一年的用电量（图3-6-15）。

案例2：上海中心

上海中心大厦处于陆家嘴金融中心Z3地块，是一个非常特殊的位置，与金茂大厦、环球金融中心共同形成了"品"字形的超高层建筑群。采用螺旋形的形体主要还是考虑风荷载的因素，螺旋形的流线造型可以减少约28%的侧向风荷载，更小的风荷载意味着结构柱可以做得更小，从而节省巨额造价。

上海中心屋顶钢结构上的一个个"小圆筒"，正是270台"垂直轴涡轮"风力发电机，总额定功率为135千瓦，每年可以为大厦提供1.19百万度的绿色电力，供屋顶、观光层中的设备使用（图3-6-16）。

图3-6-15 巴林世贸中心
（图片来源：太阳能2012.9）

图3-6-16 上海中心
（图片来源：网络）

3.6.3 地热能

地热能是来自地球深处的热能，源于地球的熔融岩浆和放射性物质的衰变。在地壳中，地热可分为三个带，即可变温度带、常温带和增温带。可变温度带，由于太阳能辐射的影响，其温度随着昼夜、年份、世纪，甚至更长的周期性变化，其深度一般为15~20米；常温带，其温度变化幅度几乎等于零，深度一般为20~30米；增温带，在常温带以下，温度随深度增加而升高，其热量的主要来源是地球内部的热能。地热从地表向地球内部，温度逐渐上升。目前，地热能在建筑中一般以地源热泵系统的方式对其加以利用，系统一般包含水源热泵机组、地热能交换系统、建筑内空调系统。地源热泵系统可以用于建筑的采暖和制冷，并且根据需要可以为建筑提供生活热水。与传统的暖通空调系统相比，地源热泵系统具有经济有效、运行稳定可靠、环境效益显著、舒适程度高的特点，有利于可持续性发展，因此得到各国政府的广泛提倡。

1. 地源热泵

地源热泵是利用地下土壤、地下水或地表水温度相对稳定的特性，利用埋于建筑物周围的管路系统，通过输入少量的高位电能，实现低位热能向高位热能转移与建筑物完成热交换的一种技术（图3-6-17）。

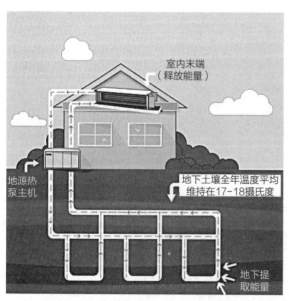
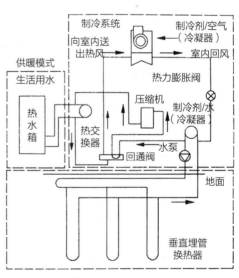

图3-6-17 地源热泵示意图

（图片来源：冉茂宇，刘煜. 生态建筑［M］. 武汉：华中科技大学出版社，2008.）

案例1：莱恩斯太阳堡幼儿园

莱恩斯太阳堡幼儿园是丹麦最为环保的零碳综合型幼儿园。

独特的设计使"太阳堡"充分使用可再生能源并实现太阳能自给能源，除了满足自身消耗，还有盈余能源。冬天，阳光透过窗户为房屋贡献了所需的一半能源，太阳能和地热能综合系统贡献了房屋室内采暖和热水供应所需的另外一半能源。在朝南的屋顶上，50平方米太阳能集热板可直接收集太阳能，用于室内采暖和热水供应，250平方米太阳能电池可将太阳能转换为电能。由于其独特的设计，每年产生的能源比消耗的能源多出9千瓦时/平方米（图3-6-18）。

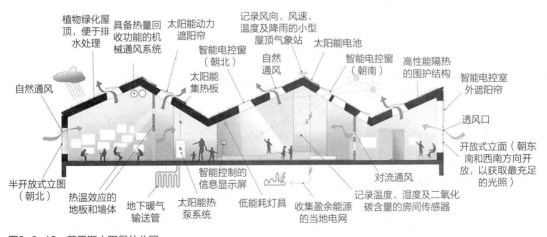

图3-6-18 莱恩斯太阳堡幼儿园
（图片来源：网络）

案例2：Holmen水上运动中心

被动式的设计使建筑在能源利用方面变得更加高效，设计强调了能源的再利用，其中以热水供暖最为突出。650平方米的太阳能板和场地中的15个地热井共同将来自基岩的热能输送给建筑，在夏季还能将多余的热量传递到地表下方（图3-6-19）。

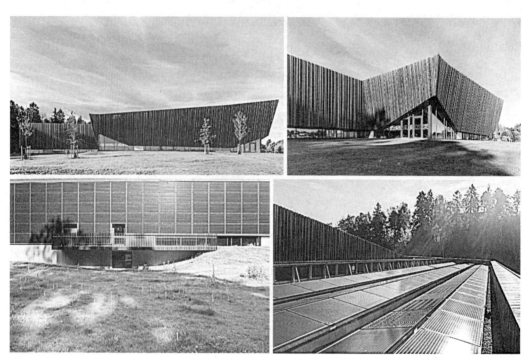

图3-6-19　Holmen水上运动中心
（图片来源：网络）

案例3：克莱姆森大学李氏教学楼Ⅲ期

设计团队针对克莱姆森市亚热带季风气候的特点，选择了效能较高、能耗较小的水循环地源热泵系统。水循环地源热泵系统的整个工作过程都是通过管道中的水来实现的，可减少温室气体的排放以及氟氯烃的使用，从而达到节能减排的目标。在李氏教学楼（Ⅲ期）的实践中，由于土壤的温度常年保持在12~21℃，温度条件较好，因此夏季可以不通过压缩机，而是直接通过地源井冷却管道中的水达到降低室内温度的目的。同时，项目还采用了创新的方式安装散热系统。室内所有的地暖盘管被均匀地安放在建筑的楼板中，以热辐射的方式把冷气/暖气柔和地传输到室内（图3-6-20）。

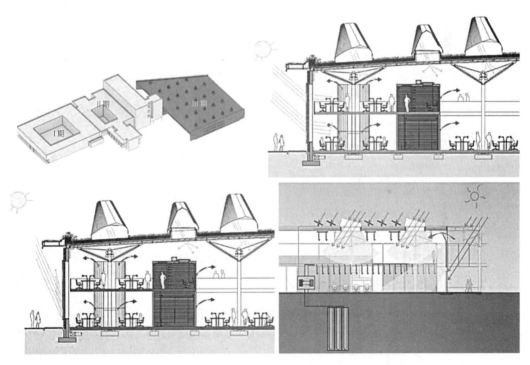

图3-6-20 克莱姆森大学李氏教学楼Ⅲ期
（图片来源：建筑技艺2018.11）

案例4：北京四中房山校区

地源热泵：在操场地面下共铺设144根垂直双U型地埋管，孔深120米，为礼堂、餐厅等大型空间制冷供暖。新风热回收：礼堂、门厅处采用全空气系统、排风全热回收技术，热回收全年可节能4400千瓦·时（图3-6-21）。

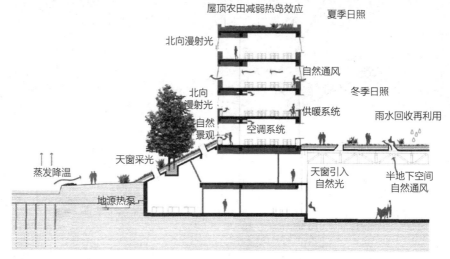

图3-6-21　北京四中房山校区
（图片来源：城市环境设计2018.10）

2．水源热泵

水源热泵是以地表或浅层水源作为热源的热泵称为水源热泵。其中的水源包括：地下水源，河流、湖泊等地表水源，工业废水、矿井水、地热尾水等人工再生水源，采用热泵原理，通过少量的高位电能输入，实现低位热能向高位热能转移的一种技术（图3-6-22）。水源热泵工作原理为：夏季室内空气温度高于水体温度，从水体中提取冷量通过水源热泵系统为建筑室内供冷，并将室内热量吸收释放到水中；冬季室内温度低于水体温度，从水体中提取温度较高的水源，通过水源热泵系统将热量释放到室内。

案例1：国际奥林匹克委员会总部

奥林匹克委员会总部获得LEED最高等级的铂金级认证。建筑主要使用可再生能源、智能建筑设备、热循环系统和围护结构确保高能源效率。节水型卫生设备和雨水收集系统极大地降低了建筑用水量。安装在屋顶下的太阳能电池板有助于建筑的电力供应。另一项重要的可持续设施是热量交换器和热泵利用湖水为建筑升温和冷却（图3-6-23）。

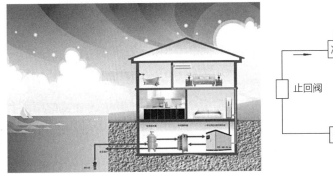

图3-6-22　水源热泵系统示意图
（图片来源：网络）

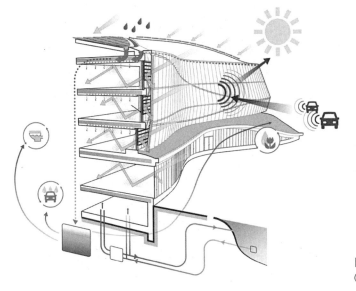

图3-6-23　国际奥林匹克委员会总部
（图片来源：网络）

3.7 传声与隔声

3.7.1 传声

建筑传声是研究建筑环境中声音的传播，不同建筑和室内环境对声音有不同的要求，通常我们需要控制建筑空间的体量，利用声反射材料或吸声材料来达到对声音相应的要求（图3-7-1）。

1. 声音直达

声音直达也被称为直达声（Direct Sound）是指从声源不经过任何的反射而以直线的形式直接传播到接受者的声音，常见于教室、报告厅设计。

2. 声音反射

声音反射（Acoustic Reflexion）是指当声波从一种媒质入射到声学特性不同的另一种媒质时，在两种媒质的分界面处将发生反射，使入射声波的一部分能量返回第一种媒质。

3. 声音吸收

声音吸收是指当声波通过媒质或射到媒质表面上时声能减少的过程。当声音传入构件材料表面时，声能一部分被反射，一部分穿透材料，还有一部分由于构件材料的振动或声音在其中传播时与周围介质摩擦，由声能转化成热能，声能被损耗，即通常所说声音被材料吸收（图3-7-2）。

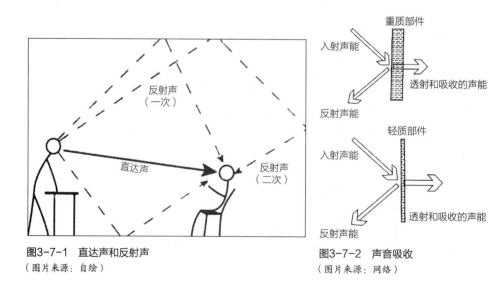

图3-7-1 直达声和反射声
（图片来源：自绘）

图3-7-2 声音吸收
（图片来源：网络）

案例1：宝鸡大剧院主剧场

宝鸡大剧院主剧场观众厅平面整体呈马蹄形，能提供良好的声场效果（图3-7-3）。舞台"八"字墙能为观众席前区提供前次反射声，提高该区域观众的观演效果。前次反射声能覆盖观众席中前区，保证该区域观众能够获得良好的声音丰满度。经吊顶反射的声音能覆盖观众席的所有区域，其分布均匀，能达到良好的声场效果。观众厅侧墙前区和中区为了将声音反射到观众席，采用了便于反射声音的硬质材料——GRG材料和15毫米厚实木板。而观众厅侧墙后区和后墙区域的材料以强吸声为主，避免产生回声，结合混响时间设计，此区域采用木质穿孔板吸声构造（图3-7-4）。

图3-7-3　宝鸡大剧院外观及内部实景

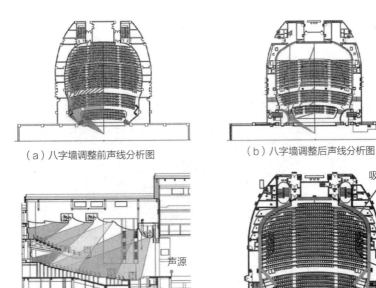

（a）八字墙调整前声线分析图　　　　　（b）八字墙调整后声线分析图

（c）剖面声线分析图　　　　　（d）墙体材料布置位置示意

图3-7-4　主剧场声线分析图
（图片来源：陈航，刘刚. 宝鸡大剧院主剧场建筑声学设计［J］. 演艺科技，2021.）

案例2：江苏荔枝大剧院

荔枝大剧院在侧墙扩散造型和顶面造型设计上，对顶面和墙面反射声进行控制，确保每位听众听到的声音都丰满而细腻（图3-7-5）。由于观众厅的椭圆形设计，较大的宽度造成观众席中轴线区域的座席侧向声、反射声强度比较弱。因此，荔枝大剧院的楼座尽量延伸至舞台口，包围整个观众厅，楼座下部的吊顶采用弧形造型，增加楼座下部顶面给予池座观众席的二次反射声，尽可能地增加不同层次的反射声，从而提升每个座席的观赏体验（图3-7-6）。

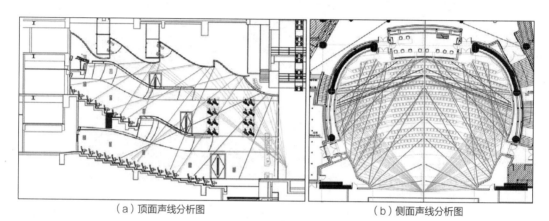

（a）顶面声线分析图　　　　　　　　（b）侧面声线分析图

图3-7-5　荔枝大剧院声线分析图

（图片来源：周克胜，夏媛. 荔枝大剧院整体改造的声学设计［J］. 演艺科技，2019.）

图3-7-6　荔枝大剧院楼座实景

（图片来源：周克胜，夏媛. 荔枝大剧院整体改造的声学设计［J］. 演艺科技，2019.）

3.7 传声与隔声

3.7.1 传声

建筑传声是研究建筑环境中声音的传播，不同建筑和室内环境对声音有不同的要求，通常我们需要控制建筑空间的体量，利用声反射材料或吸声材料来达到对声音相应的要求（图3-7-1）。

1. 声音直达

声音直达也被称为直达声（Direct Sound）是指从声源不经过任何的反射而以直线的形式直接传播到接受者的声音，常见于教室、报告厅设计。

2. 声音反射

声音反射（Acoustic Reflexion）是指当声波从一种媒质入射到声学特性不同的另一种媒质时，在两种媒质的分界面处将发生反射，使入射声波的一部分能量返回第一种媒质。

3. 声音吸收

声音吸收是指当声波通过媒质或射到媒质表面上时声能减少的过程。当声音传入构件材料表面时，声能一部分被反射，一部分穿透材料，还有一部分由于构件材料的振动或声音在其中传播时与周围介质摩擦，由声能转化成热能，声能被损耗，即通常所说声音被材料吸收（图3-7-2）。

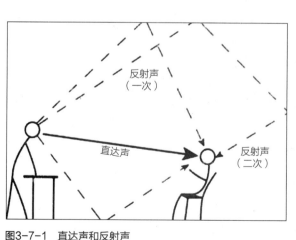

图3-7-1 直达声和反射声
（图片来源：自绘）

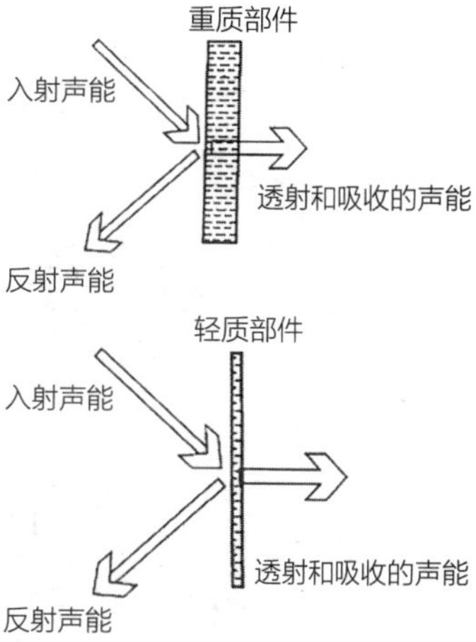

图3-7-2 声音吸收
（图片来源：网络）

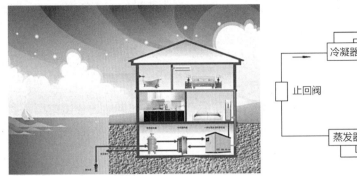

图3-6-22　水源热泵系统示意图
（图片来源：网络）

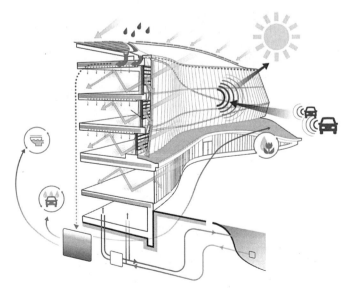

图3-6-23　国际奥林匹克委员会总部
（图片来源：网络）

案例3：广州大剧院

扎哈设计的广州大剧院观众厅首创了不规则、不对称的"双手环抱形"观众席，将观众厅池座两侧的部分升起，和楼座挑台"交错重叠"，实现了观众厅多边形平面的不对称设计理念（图3-7-7）。这种设计的优势在于观众厅侧墙和楼座挑台侧板可以提供充足的早期反射声，而平面不对称的座位布置避免了一定的回声干扰。其内墙、天花板、观众看台的隔板等几何形状的表面基本上都是一个声反射表面，使声音反射扩散到观众厅内的每一个角落，从而保证在室内任何地方都能感到声音的亲近感（图3-7-8）。

图3-7-7　广州大剧院楼座
（图片来源：网络）

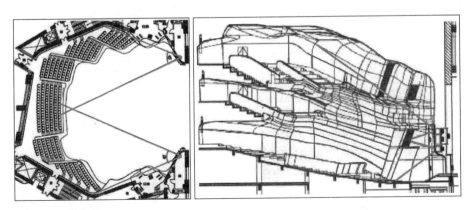

图3-7-8　声线分析图
（图片来源：甘宜颖，刘永耀. 广州大剧院大剧场扩声系统［J］. 演艺科技，2011.）

3.7.2 隔声

隔声是用隔声结构，如隔声窗、隔声门、隔声屏、隔声室、隔声单、隔声墙、轻质复合结构等把声能屏蔽，从而降低噪声的声辐射危害。隔声设计在室内外均可采用，如轻轨、公路的两侧的隔声屏，车间内部隔声屏，建筑用隔声门等。

1. 隔声墙体

隔声墙体通常用于高速公路或高架桥两侧，或者用在对声音有较高要求的建筑内部录音间或摄影棚内，通常一面为吸声材料，另一面为隔声及反射材料。其作用是减少噪声的传播，或者利用隔声墙吸声特性，调整音源的音质。

2. 隔声门窗

隔声门窗，是以塑钢、铝合金、碳钢、冷思钢板等建筑五金材料，经挤压成型材，然后通过切割、焊接或螺接的方式制成门窗框扇，配装上密封胶条、毛条、五金件、玻璃、PU、吸声棉、木质板、钢板、石棉板、镀锌铁皮等环保吸隔声材料后制成的门和窗（图3-7-9）。

3. 绿化隔声

绿化隔声通常指栽植树木和草皮以降低噪声的方法，树木的叶、枝、干是决定树木降噪效用的主要因素。声波射向树叶的初始角度和树叶的密度决定树叶对声音的反射、透射和吸收情况。大而厚、带有绒毛的浓密树叶和细枝对降低高频噪声有较大作用。

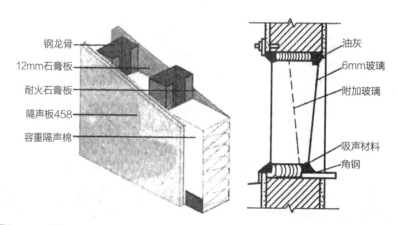

图3-7-9 墙体、窗户隔声

（图片来源：安徽省住房和城乡建设厅. 绿色建筑适宜技术指南［M］. 北京：中国建筑工业出版社，2014）

4．噪声吸收

噪声吸收通常是指在建筑外部或内部饰以吸声材料或悬挂适当的空间吸声体来减少声音反射，对噪声进行吸收，从而减少其不利传播。

案例1：复旦江湾校区新建综合体育馆

复旦江湾校区综合体育馆的每个场馆甚至中庭空间，都考虑了声学设计，包括对噪声、隔声与混响时间的控制（图3-7-10）。建筑内大量采用吸声材料，如中庭背景墙的黑色背衬墙体实际是吸声软包材料，游泳馆运用了耐腐蚀的超微孔吸声铝板，体育场馆采用了穿孔铝板结合吸声棉设计。篮球馆和羽毛球馆墙面采用木色吸声铝板，顶面采用了彩色渐变的三角形吸声体，而形体房则运用了木质吸声板（图3-7-11）。

图3-7-10 体育馆鸟瞰图

（a）场馆顶部设置渐变色三角形吸声体　　　　　（b）形体房使用木质吸声板

图3-7-11 降噪措施
（图片来源：网络）

案例2：大熊猫国家公园雅安科普教育中心

大熊猫国家公园雅安科普教育中心选址位于通往中国保护大熊猫研究中心碧峰峡基地的必经之路上，是重要的交通节点，但优越的场地交通条件带来的也有噪声的干扰（图3-7-12）。针对北侧高速公路及西侧城市道路，项目选用了最低技绿色的降噪方式——竹林种植。从车水马龙的对岸眺望，整栋建筑几乎被淹没在茂密的竹林之中（图3-7-13）。同时在平面布置时，将少量办公区的外廊面向噪声，通过建筑本身的双层墙体进一步降低噪声，营造出大隐隐于市的静谧空间（图3-7-14）。

图3-7-12 雅安科普教育中心鸟瞰图
（图片来源：网络）

图3-7-13 竹林种植降噪
（图片来源：网络）

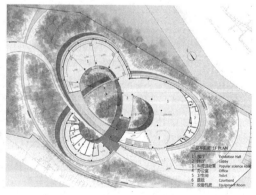

图3-7-14 建筑平面
（图片来源：网络）

案例3：北京当代MOMA

北京当代MOMA（图3-7-15）是北京二环附近少有的大型社区，附近的东直门桥是北京市的公共交通枢纽、长途交通枢纽和快速交通枢纽，全天候车流量巨大。为了防止噪声对内部居民的影响，建筑采用隔声墙体。建筑的外围墙体厚度达到600毫米，其中，挤塑聚苯保温层与外铝板饰面之间隔着97毫米厚空气层，内空气层充惰性气体，空气层能够吸收室外噪声，对于室内起到良好的隔声作用（图3-7-16）。外窗采用断热铝合金窗框和Low-E中空玻璃，玻璃内部空气层充惰性气体，也起到了良好的隔声效果。此外，无孔洞隔声架空楼板以及减噪设计的中央除尘系统，都保证了良好的声环境和全天全时的安静空间。

图3-7-15 北京当代MOMA
（图片来源：作者自摄）

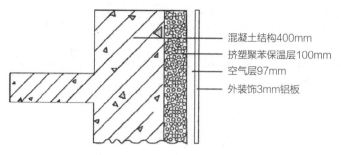

混凝土结构400mm
挤塑聚苯保温层100mm
空气层97mm
外装饰3mm铝板

图3-7-16　当代MOMA外墙结构

（图片来源：霍婷. 浅谈城市热能和建筑热能被动式设计——以北京地区为例［J］. 中国住宅设施，2011.）

3.8　绿色建材

1992年国际学术界给绿色材料定义为：在原料采取、产品制造、应用过程和使用以后的再循环利用等环节中对地球环境负荷最小和对人类身体健康无害的材料。

绿色建材是指采用清洁生产技术、少消耗自然资源和能源、大量使用工业或城市固态废物生产的无毒害、无污染、无放射性、有利于环境保护和人体健康的建筑材料。绿色建材的应用以健康、环保、节材为目标，以循环、再生、减少资源消耗为手段，实现建筑材料的低碳可持续发展。

3.8.1　绿色建材类型

绿色建材涉及一个庞大繁杂的系统。从使用功能上有围护结构材料、支撑结构材料、装饰性材料等；从阶段上有基础原材料、初加工材料、深加工材料等；从化学性质上有无机材料、有机材料等；从材料性质上有金属材料、土石材料、植物材料等；从材料特性上有吸水材料、憎水材料、多孔材料、密实材料、保温材料、隔热材料等，这些不同类型的材料在绿色建筑中都有各自的定位和作用，共同支撑绿色建筑的各项需求。以下仅列举部分典型绿色建材进行说明。

1. 资源和能源节约型材料

此类建材是指在生产过程中，能够明显地降低对资源消耗，从材料的开采、运输、加工、转换、使用等各个环节上努力减少能源的损失和浪费，生产中常用免烧或者低温合成等低耗能，以及提高热效率、降低热损失和充分利用原料等新工艺、新技术和新型设备，也有采用新开发的原材料和新型清洁能源来生产，用于绿色建筑中起到降低建筑能耗的材料。

1）断桥铝合金窗

采用中空玻璃或多层玻璃，增加隔绝材料阻断室内外热传导，利用玻璃之间空气间层热阻大的特点，提高外窗的保温性能，减少建筑热损失（图3-8-1）。断桥铝合金窗是一种常见的能源节约型材料，性能优良，保温隔热性好，有着良好的隔声、隔热、防尘防水，以及高气密性等诸多功能特点（图3-8-2）。

2）智能控制材料

智能控制材料是利用某些材料特性并将其与环境因子挂钩，就可设计出不借助电力人工力也可以发生形变的自适应表皮。这些材料运用到建筑表皮中即可成为环境敏感类智能控制的表皮系统，目前常见的智能控制模块主要有热敏材料控制模块、光敏材料控制模块、湿敏材料控制模块及电敏材料控制模块（图3-8-3）。

斯图加特大学 Steffen Reichert教授基于仿生学原理，采用材料形变的方式设计了一个小型建构HydroSkin展馆，其围护结构同时具有承重和环境响

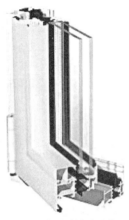

图3-8-1　断桥铝合金窗产品断面展示图
（图片来源：贺栋. 郑州地区教学建筑绿色节能设计研究［D］. 郑州：郑州大学，2012.）

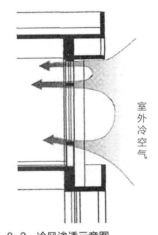

图3-8-2　冷风渗透示意图
（图片来源：贺栋. 郑州地区教学建筑绿色节能设计研究［D］. 郑州：郑州大学，2012.）

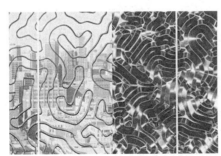

图3-8-3　智能材料
（图片来源：网络）

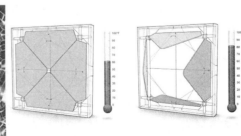

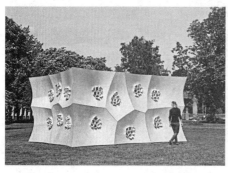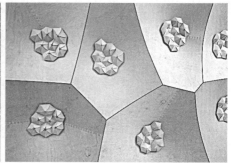

图3-8-4 HydroSkin展馆自适应智能控制外墙
（图片来源：网络）

应的功能。通过研究松果木在不同湿度条件下的材料特性，Steffen Reichert
教授使用松果木制作了自适应表皮结构，可使得表面的小孔在不同的湿度下
开启或关闭，从而实现了材料的自适应智能控制（图3-8-4）。

3）多层膜结构

目前常用的建筑膜材料主要分为PTFE膜、PVC膜和ETFE膜，其中PTFE
与PVC膜由于织物纤维的存在使其存在抗拉性能，被称为织物类膜材料；
ETFE膜虽然没有抗拉性能，但它允许产生大的弹性形变，且透光能力与玻
璃接近（表3-8-1）。

建筑膜材料 表3-8-1

名称	织物基材	涂层
PTFE膜	玻璃纤维	聚四氟乙烯树脂
PVC膜	聚酯类、聚酰胺类纤维	聚氯乙烯类PVC树脂
ETFE膜	无	乙烯-四氟乙烯共聚物

由于薄膜很薄，单层膜的太阳光透过率在90%以上，因此采用多层膜结
构可以在获得良好保温性能的同时不会使光线衰减过多，对于夏热冬冷地区
的冬季保温是一种理想的外围护材料。由于ETFE单层膜厚度很小，可忽略
膜材本身热阻，为了获得良好的保温性能，可以通过充气的方式在多层膜之
间形成多个空气夹层，利用空气层的热阻来实现建筑保温。在两个相对膜层
表面交错镀上反射率高的涂层，可以通过调节气枕的压力改变气枕形状，从
而改变光的透过特性，同时调节室内温度与光照（图3-8-5）。

由于加工技术要求较高、施工难度大，膜结构普遍造价昂贵，大多用于
体育场馆这类大型公共建筑，用在其他类型建筑的实例较少。未来随着材料
技术的进步以及生产成本的降低，膜结构将越来越多地出现在大量性建筑中
（图3-8-6）。

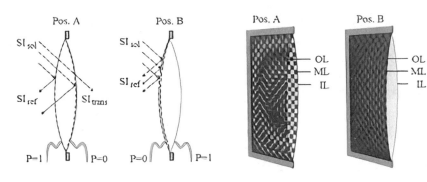

图3-8-5　充气式膜结构变形示意

（图片来源：网络）

（a）美国驻英大使馆　　　　　　　（b）辛辛那提大学加德纳神经科学研究所

图3-8-6　膜结构建筑实例

（图片来源：网络）

2．环境友好型材料

此类建材是指在建材行业中利用新工艺、新技术，对其他工业生产的废弃物或者经过无害化处理的人类生活垃圾加以利用而生产出的建材产品。例如：使用工业废渣或者生活垃圾生产水泥，使用电厂粉煤灰等工业废弃物生产墙体材料等。

环境友好材料具有可降解特性。材料在自然光、水和其他条件的作用下，产生分子量下降、物理性能降低等现象，并逐渐被环境消纳的一类材料，亦可称为可降解材料。可降解材料是一类高分子材料，天然可降解材料包括木材、竹材、纤维素等。

1）天然型

天然型是以大自然中存在的物质直接加工而成对人类生活或生产有利的天然高分子化合物，如纤维素、淀粉、蛋白质、稻草、谷壳等。如人们利用稻草的秸秆编制草帽，利用藤状植物的藤条编制篮子，利用荷叶制作成产品的外包装等，这些材料是从自然界中直接取用，经过一定的工艺制成的，它们使用结束后可以回归自然，且不会对自然环境产生任何危害，但是，它们也具有加工粗糙、不易利用的缺点。

2）天然改进型

天然改进型可降解材料是利用一定的加工工艺，以天然高分子为原料，通过与其他化合物进行混合或反应而形成的材料，它在一定的时间内具有稳定性，可以被环境分解并对环境无害。

3）化学合成型

化学合成型可降解材料多为结构复杂的高分子材料，如聚乙烯醇、聚己内酯等，它的光降解与生物降解性较强。含有酯、酰胺键的合成塑料，具有较强的可降解性。

3．循环再生材料

循环可再生材料是指基本不改变旧建筑材料或制品的原貌，仅对其进行适当清洁或修整等简单工序后经过性能检测合格，直接回用于建筑工程的建筑材料。在各类废弃物中可进行回收再生的材料范围广泛，主要有废弃建材、废弃农作物、废弃木材、废弃塑料、废弃金属、废弃纸材等。

1）以建筑材料的原始属性再利用

废旧金属可直接送往钢铁厂熔铸，回收机制已自然建立；废木料可以锯屑化，作为造纸、合成板材的原料，也可进行锯末化、堆肥化和碳化处理，作为肥料、菌类植物的种植菌床和水质净化剂的原料。混凝土块回收后主要作为建筑骨材，或作为工程填方及土质改良、填海造地的材料。刘家琨设计的"再生砖"以地震后的建筑废墟和建筑垃圾作为骨料，掺加一些秸秆等农作物纤维材料，再与泥和沙混合制成的，是一种廉价、环保、因地制宜的循环再生建筑材料（图3-8-7）。

以碎玻璃为主要原料生产出的玻璃砖是一种既非石材也非陶瓷砖的新型绿色建材。玻璃砖是以碎玻璃为主，掺入少量黏土等材料，经粉碎、成型、

图3-8-7　再生砖的应用
（图片来源：时代建筑，2009，No.105（01）：82-85.）

晶化、退火而成的一种新型环保节能材料。完全是一种符合减量化、再利用、资源化的新型环保节能材料（图3-8-8）。

2）以建筑材料的原始形态再利用

从废弃物中回收的建筑材料与新的建筑材料相比在结构性能上有很大差异。在不破坏原有材料形态情况下一般只能作为建筑和环境营造的辅助构件，各种砌体废弃物可以作为铺装、墙体等环境界面的营造材料，以艺术的视角对这些回收材料进行再利用。

被拆除建筑物的某些建筑材料同样可以二次使用，如墙砖可以作为新建建筑地面以下墙体基础、外墙或者室内外地面铺地使用。瓦片可以作为室外透水地面铺地或者文化墙（图3-8-9）。王澍设计的宁波博物馆，其外墙材料就是收集当地拆除的传统民居的砖瓦砌筑隔墙、地面（图3-8-10）。

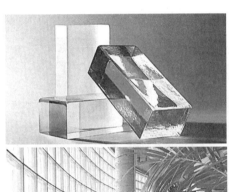

图3-8-8 玻璃砖的应用
（图片来源：网络）

图3-8-9 瓦片砌筑的文化墙和铺地
（图片来源：网络）

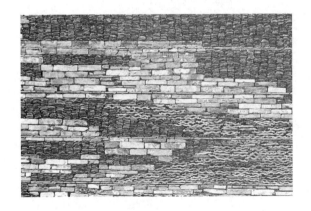

图3-8-10 宁波博物馆外墙材料
（图片来源：作者自摄）

3.8.2 案例

案例1：成都华林小学

成都华林小学是2008年5月12日发生的四川大地震后在中国建成的首批纸管建筑，也是在四川大地震灾区最早得到重建的校园建筑。

临时校舍是利用直径240毫米厚度20毫米的纸管做材料打做拱形主体结构，4根纸管为一组，用木制连接件进行连接搭成框架，修建的9间教室面积有540平方米，使用370根纸管。坂茂采用的纸是具有环保功能的传真纸芯，这种纸芯经过防火、防水及覆膜处理，并进行了严格的强度测试，非常适合建造小体量临时建筑。教室侧面，利用当地比较便宜的半透明波形板，开圆形孔采光，因为建筑主体是纸管构造，为组装体，零配件加工相对容易，这也从另一个角度提高了施工效率（图3-8-11）。

图3-8-11 成都华林小学
（图片来源：世界建筑，2014（10）：40-45.）

案例2：生态木屋

作为绿色生态建筑的试点项目，弗莱建筑设计集团在"生态木屋"项目中践行了它的可持续建筑基本原则。"木屋"的主体和外围护结构均为木制，而非混凝土或砖石所造。所采用的交错层压木材KLH（Kreuzlagenholz）使得这种相对大型的木构建造规模得以实现（图3-8-12）。在此之前，由于木材易燃的特性，以及现有建筑法律法规和建筑设备的限制，木构的建筑主体和外围结构的大型住宅是无法通过报建审批的。

在"木屋"项目中，能源效益从一开始就被作为关注重点。一方面使用了被称为"天然二氧化碳储存器"的木材，另一方面设置了大面积屋顶绿化，其二氧化碳明细结算的结果表明"木屋"在节能减排方面的表现极为出色。

（a）"生态木屋"外观

（b）"生态木屋"建造过程木结构主体

图3-8-12　德国生态木屋
（图片来源：网络）

案例3：无锡阳山田园东方——田园大讲堂

建筑所在的位置原本是一片竹林，建筑师尊重场域基底，希望透过原生态材料建立讲堂与周边环境的对话。

"轻"，是大讲堂其中一个鲜明性格——材料轻质，结构轻盈。建筑以竹子作为围护体系，竖向支撑排列既富有一种序列美，又相当于钢索对上方结构产生反向拉力，最终达到一种矛盾抵消的结构平衡。

项目中使用的竹子是经过了前期处理，包括烤干取直、刷漆等，很大程度上提高了材料的质量和耐久性，节省了后期维护成本。另外大讲堂地面采用的是回收地砖，建筑师认为可再生就是尊重自然，对未来负责，建筑"随时间推移和周围环境的互动始终能被接受"（图3-8-13）。

图3-8-13 无锡阳山田园东方
（图片来源：网络）

案例4：深圳建科大楼

建科大楼在围护结构节能方面综合采用保温墙体、节能玻璃、创新外遮阳保温、绿化屋顶等外围护措施，实现65%的节能设计。建科大楼采用了挤塑式水泥聚苯板加聚氨酯泡沫喷涂材料复合墙板、挤塑式水泥聚苯板加挤塑聚苯板复合墙板和外墙保温装饰板（聚苯板+铝板）等三种形式的外墙保温隔热措施。外窗采用中空玻璃铝合金窗（内设遮阳百叶以及Low-E中空玻璃断热铝合金窗）。南立面和东立面部分采用透光比为20%的光电幕墙，同时，东立面和南立面均设计遮阳反光板等外遮阳措施（图3-8-14）。

图3-8-14 深圳建科大楼
（图片来源：建筑技艺. 2013（2）：86-93）

案例5：Debris住宅

这座住宅在建造过程中始终采用了可回收且生态友好的材料，并且突破了材料本身的限制，为建筑赋予了富有表现力的观感。"碎片墙"（由碎料建成的墙壁）由现场回收的材料建成，与烧结的砖墙相比，碎片墙消耗的能量要降低5倍，污染程度要降低4倍。椰子壳做成的填充板有效降低了混凝土的使用量。建筑中的材料是基于当地环境特征和经济条件而精心选择的，墙壁的泥土是从场地中挖掘而来，既有建筑的残骸转变为一扇弧形的墙壁（即碎片墙），并在中央围合出一个庭院，作为房屋的焦点（图3-8-15）。

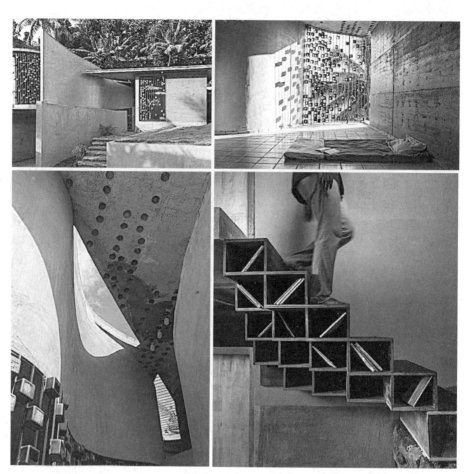

图3-8-15　Debris住宅
（图片来源：https://www.gooood.cn）

室内家具也使用了回收的木材，主要用于存放房屋主人的教学书籍。环保举措包括雨水收集和再循环系统，以及基于布局精确的庭院和立面而实现的被动式通风。从废品场回收而来的电表箱被运用到窗户格栅上，椰子壳被用于混凝土屋顶的填充；后半部分的体量覆盖以钢丝网水泥壳屋顶。整个建筑基于场地的变化应运而生，以低调的姿态坚守了其对于社会和环境的责任。

案例6：清迈PANYADEN小学

PANYADEN小学在泰国清迈南部，设计布局受到热带植物鹿角蕨的启发，期望以有机形式表达与自然的关系。建筑物主要分为两种形式：普通教室和礼堂、食堂。其中，普通教室的承重墙是土坯夯实，用本地回收的硬木、玻璃瓶做成窗户，引入自然光；礼堂和食堂采用竹楼的形式，仿佛让人置身于竹的丛林（图3-8-16）。

图3-8-16　清迈PANYADEN小学
（图片来源：网络）

其他地方的设计如操场、泳池四周，都从泰国的日常元素中吸取力量。学校建材采用当地的竹子，周围的有机蔬菜和稻田是学校的财产。在学校，实行了环保废水处理和食品垃圾回收利用，将有机肥料生成沼气用来做饭。学校非常环保，可谓是零碳消耗。

案例7：廉价土材料临时安置房

从绿色建筑鼓励使用本地材料的角度出发，安置房还可以尝试用乡土材料建造的思路作 为对板房和帐篷的有效补充。利用当地材料如竹子、泥土、麦草稻草进行建造，非常便宜、避免大规模从外界运输、可行性高而且绿色环保。安置房采用"轻、柔、空、土"的设计策略：轻是指屋顶利于灾后居民的心理接受，柔、空是指用铁丝、袋子组织竹、泥土等材料的方式，也方便运输，土是材料选择和整个方案的定位。

最终设计为3.6米×3.6米的单层小屋，基本构造是三部分：竹子做结构、土袋围合、草做屋顶。竹子容易取得而且生长迅速，砍伐之后3~5年又可以重新成林。由于灾区常见的竹子比较细，为了保证其力学性能，必须对竹子进行组合建构设计。用编织袋装泥土或砖石废料围合成2米高的外围护结构，施工快，热工性能好。用稻草作屋顶，重量轻、隔热（图3-8-17）。

（a）临时安置房外观及节点

（b）施工步骤

图3-8-17　廉价土材料临时安置房
（图片来源：时代建筑，2009（1）：89-91.）

4

案例分析

4.1 郑州节能环保产业孵化中心绿色建筑示范楼

4.1.1 项目概况

郑州节能环保产业孵化中心位于郑州东经济技术开发区。包括五层的绿色示范楼、十六层的生产研发中心和一座小型立体车库三个单体组成。基地东西宽73.5米，南北长93.5米。一期工程是位于南侧的绿色示范楼（图4-1-1）。

绿色示范楼使用功能为办公建筑。南北宽29米，东西长52米，体量南低北高。为解决北侧房间的日照和采光，采用中庭式布局。南侧为三层双坡屋面，北侧为五层单坡屋面，中庭顶部是斜面玻璃采光顶，与北侧五层坡屋面衔接。屋面坡度均为33°，适合郑州地区太阳高度角，为屋面上太阳能光电板、太阳能集热器提供最佳日照效果。中庭布置绿化、水池、休息设施，它将起到建筑的"绿肺"功能（图4-1-2、图4-1-3）。

图4-1-1 绿色示范楼外观

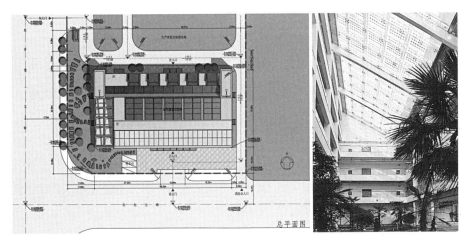

图4-1-2 绿色示范楼总平面图及室内中庭

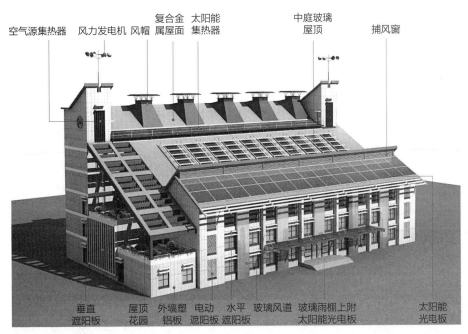

图4-1-3 绿色示范楼鸟瞰图

绿色示范楼的绿色技术策略主要体现在"用、防、产、节"四个方面。

4.1.2 "用"

绿色示范楼中被动式自然能源利用,主要包括强化建筑自然通风、充分实现自然采光、土壤蓄热蓄冷和太阳能等方面。由此减少建筑制冷、采暖和照明的耗电量。

1．为建筑加装自然通风"发动机"

剖面设计上，南侧双坡屋面的北坡、中庭玻璃顶及北侧屋面的南坡设计成双层屋面，双层屋面板之间的空隙为风道。南侧北坡上层屋面适当外伸，与南坡屋面形成"喇叭口"，作为进风口，起到传统建筑屋面中"捕风窗"的作用，通过风压将风引入中庭。中庭采用双层玻璃顶，斜向升起与北侧双层坡屋面连接，形成连续贯通的气流上升通道。在屋顶北侧风道的顶端设有外涂深色涂料的金属加热舱，舱口上部装有"风帽"，起遮雨和导流的作用。风道上层屋面板、玻璃板、加热舱受阳光照射温度升高，将夹层中空气加热，气流上升，与下部中庭中的冷空气形成热压差，加速气流上升。风压与热压共同作用下可使中庭内自然通风得到加强，成为建筑内部自然通风的"发动机"，从而带动下部各房间的空气流动，形成完整的自然通风系统。屋顶风道在适当位置设有多组风阀，控制气流进出口位置，根据不同季节和不同通风要求来灵活组织气流（图4-1-4）。

为了提高室内空气质量和舒适度，建筑另设有一套地下盘管新风系统（图4-1-5）。室外进风口设在绿色示范楼北侧阴影区内绿化茂盛的水池边，

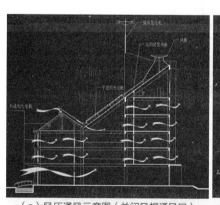

（a）风压通风示意图（关闭风帽通风口）

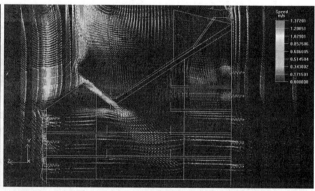

（b）风压通风模拟分析图

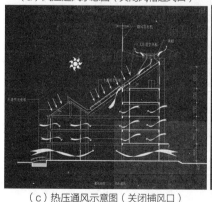

（c）热压通风示意图（关闭捕风口）

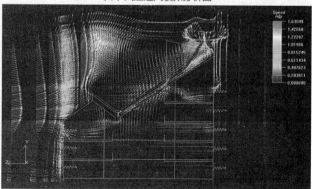

（d）热压通风模拟分析图

图4-1-4　风压通风与热压通风分析

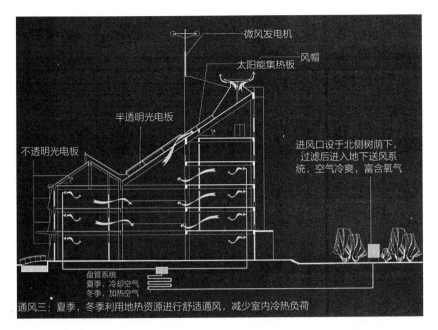

微风发电机

风帽

太阳能集热板

半透明光电板

不透明光电板

进风口设于北侧树荫下，过滤后进入地下送风系统，空气冷爽，富含氧气

盘管系统
夏季，冷却空气
冬季，加热空气

通风三：夏季、冬季利用地热资源进行舒适通风，减少室内冷热负荷

图4-1-5　地盘管新风系统示意

空气被树荫和水面冷却，并富含氧气，经地下盘管预冷（夏季）或预热（冬季）后被导入室内，提高室内自然通风的空气品质和舒适度。

通过强化建筑自然通风和提高室内空气品质的手段，可以有效延长气候过渡期的时间，缩短空调制冷期和采暖期，减小其使用强度，达到节能和提高室内舒适度的目的。

2. 中庭自然采光

中庭玻璃采光顶可以改善北侧房间自然采光效果（图4-1-6）。建筑南北两侧靠中庭内墙为漫反射玻璃落地窗，并附有可调节遮光百叶。对于北侧房间而言，由于南侧有大面积采光窗，在满足通风要求的前提下，北侧外墙开窗面积可尽量减小。这样，既可以增大自然采光和通风的效率，也可以减小北立面外墙窗口热辐射和空气渗透的热损失。尤其在北方地区更具实际意义。然而由于南向坡屋面上布满了光电板，此处开天窗比较困难，所以在屋脊北侧使用了光导管来自然采光。每个柱子下面有两个光导管，加上中庭的光线与侧窗的光线，基本上能满足健身空间需要使用的照度。

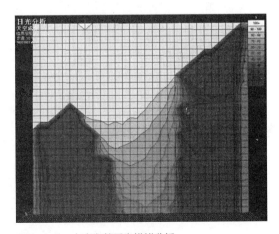

图4-1-6　中庭自然采光模拟分析

3.土壤源与太阳能

建筑空调系统主要依靠地源热泵，局部采用空气集热器采暖。利用土壤冬季蓄热夏季蓄冷的特性成为空调系统的冷热源，是一种便于循环利用的清洁能源。室内终端为冬季地板辐射采暖和夏季风机盘管制冷（图4-1-7）。

坡屋面上装有空气集热系统，用于局部房间的采暖。空气集热器是利用太阳能将空气加热后直接送入室内的采暖系统。其特点是直接利用太阳能的热量，不需要能量转换，可减少设备耗电。这种系统因为没有能量转换，仅作采暖之用，在初寒和寒末的过渡季节更有使用价值。另外，在坡屋面还装有太阳能热水集热器，为厕所和淋浴间提供热水。这两种方式均为直接利用太阳能，不需要能量转换，设备价格低廉（图4-1-8）。

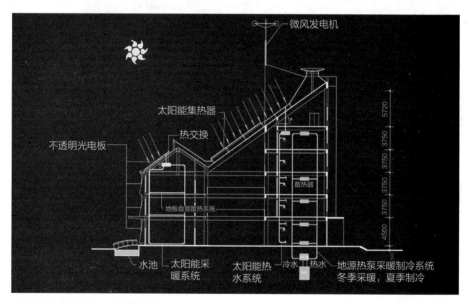

图4-1-7 土壤源与太阳能利用示意

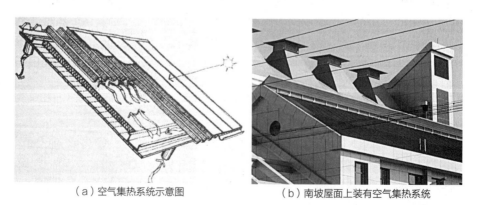

（a）空气集热系统示意图　　　　　（b）南坡屋面上装有空气集热系统

图4-1-8 空气集热系统

4.1.3 "防"

合理组织建筑群体的风场，防止冬季冷风侵袭建筑入口区域；加强建筑墙体、门窗和屋面等外露部位的保温隔热措施，控制围护结构的传热系数，合理设计建筑的体型系数和窗墙比，减少室内的热损失。

在绿色示范楼的设计中，"防"的策略是从五个方面来实现的。

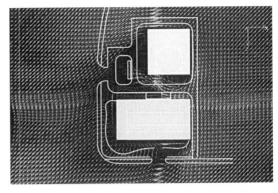

图4-1-9　总平面气流模拟分析

（1）在总体布局上，考虑到郑州处在寒冷气候区，冬夏双主导风向，夏季南风为主，冬季东北风为主。为了获得充足的阳光，争取夏季良好的通风，避免冬季冷风不利影响，将多层建筑放在基地南侧，高层建筑布置在基地东北角，多层立体车库设于西北角，三栋建筑既不相互遮挡，满足日照和通风要求，又可围合成院落。通过平面气流模拟分析可以看出，这种体量的组合在冬季东北主导风向下，各个建筑主入口基本处于相对弱风区域，保证人流频繁进出的入口区域具有较为舒适的微气候条件（图4-1-9）。

（2）将外墙、屋面和门窗等外围护部分的传热系数以及建筑的体型系数和窗墙比控制在本地建筑节能标准的合理范围之内。

（3）针对窗户这个热传递过程中的薄弱环节，制定多种遮阳方式，降低室内辐射得热。南向窗上部加水平固定遮阳，东西向窗加隔栅式垂直遮阳，中庭玻璃顶窗在风道内加电动卷帘式遮阳（图4-1-10）。

垂直遮阳板　电动遮阳板　水平遮阳板

图4-1-10　针对窗洞口几种遮阳方式

（4）利用呼吸式幕墙的原理，在南立面实墙部分加装上下贯通的玻璃空腔，腔体上下口分别安装风阀控制气流进出，和双层屋面风道共同构成结构通风降温系统。夏季打开风阀，根据热压通风原理，被加热的空气上升，下部补充低温空气，形成气流，带走外墙表面热量，实现结构降温（图4-1-11）。

（5）在建筑西侧台阶式屋面上做种植屋面，一方面美化办公环境，另一方面利用土壤良好的保温隔热特性，减少室内热损失。

通过这五个防范措施可以将建筑维护结构的热损失控制在较为理想的范围内，达到显著的节能效果。

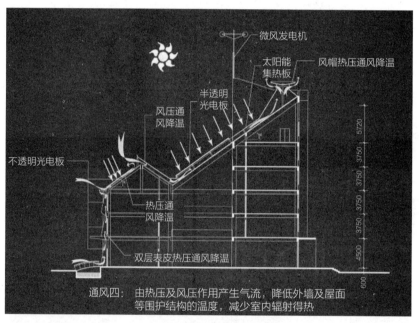

（a）结构通风降温示意

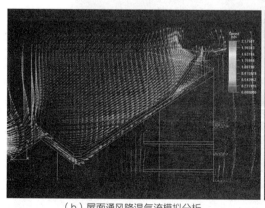

（b）屋面通风降温气流模拟分析

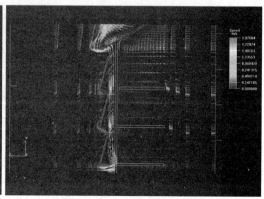

（c）立面通风降温气流模拟分析

图4-1-11　结构通风降温

4.1.4 "产"

应用多种可再生能源技术，实现部分能源自给自足，减少常规能源消耗。

目前，可用于建筑自身发电的技术已有多种，主要包括太阳能光电、风力发电及生物质能发电等。该项目根据自身示范性的要求，集成了包括太阳能光电、风力发电和沼气发电三种可再生能源发电技术（图4-1-12）。

在建筑雨篷、南立面和部分屋顶上安装非晶硅光伏发电系统。在楼梯间的顶部安装了两台微风发电机。利用厕所污水安装沼气池及沼气发电设备，兼顾污水处理和发电两种功能（图4-1-13）。

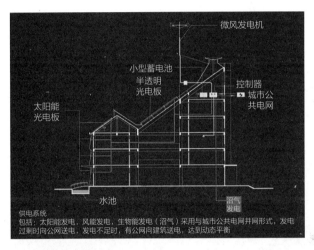

图4-1-12　可再生能源发电系统示意

图4-1-13　施工中的沼气池

4.1.5 "节"

建筑中节约资源除了节能以外，很重要的一项就是节水。如果要将污水净化到接近饮用标准，则需要多种复杂技术和庞大的水处理系统，对于普通建筑和小规模建筑来说是无法承受的。而在满足绿化灌溉及清洁用水标准下降低净化水标准就意味着降低投资，提高实施的可能性。雨水和污水经过收集处理，净化后分级储存，循环使用。

雨水经过净化处理收集到一级储水池，通过加压作清洁用水。生活污水由管网输送到分流池处理，固体物质进入沼气池，污水则进入水处理系统，经脱硫等工序净化达到排放标准，进入二级储水池，经过再次净化后加压送至厕所冲厕使用或作绿化灌溉用水（图4-1-14）。

项目信息

该项目由韦峰教授带领的郑州大学综合设计研究院绿色建筑设计研究所完成方案、施工图及绿色技术设计（图4-1-15、图4-1-16）。

设计时间：2007年12月至2008年6月，2010年12月竣工。

该项目获得：2013年全国优秀工程勘察设计行业奖三等奖；

2013年蓝星杯第七届中国威海国际建筑设计大奖赛铜奖；

2012年河南省优秀勘察设计一等奖。

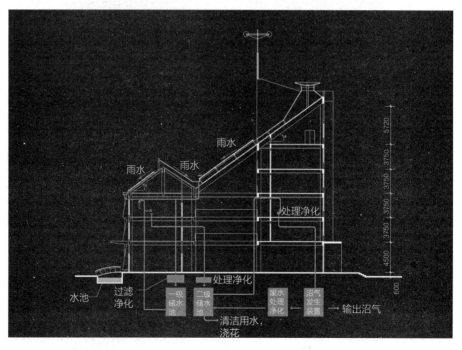

图4-1-14 结构通风降温示意

图4-1-15 绿色示范楼夜景效果图

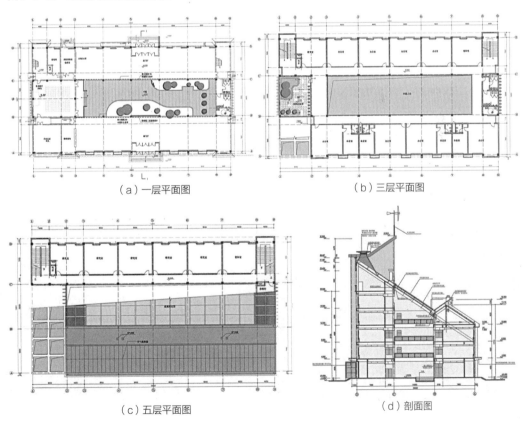

（a）一层平面图

（b）三层平面图

（c）五层平面图

（d）剖面图

图4-1-16 部分施工图

4.2 "风"土印象——2018首届绿建大会国际可持续（绿色）建筑设计竞赛23号地

4.2.1 项目概况

为了探索符合当代审美价值和生活方式的具有中国特色建筑的设计发展方向，推进新型绿色建材和新型技术产品在当代建筑中的应用，以实现建筑的超低能耗、超低排放，中国建筑材料科研总院联合中国城市科学研究会共同举办了2018首届国际可持续（绿色）建筑设计竞赛。所有获奖作品将在江苏常州武进国家绿建示范区内实际建造完成并验证设计效果。

竞赛要求在选定的地块上进行建筑单体方案设计，总面积控制在800平方米左右，建筑用途为绿色建材或设备类企业的企业营销中心，功能以办公、展示为主，相应的功能分配面积指标及其他附属功能均由参赛者根据方案设计需要自主确定。建筑平面布置应考虑日后企业入驻适用性和可改造性等因素（图4-2-1）。

基地位于中国住房和城乡建设部设立的唯一一个国家级"绿色建筑产业集聚示范区"——常州武进绿色产业集聚示范区，总面积约15.6平方公里，共分为6个组团，每个组团由6～11个地块组成，共50个地块，占地71496.62平方米，设有南北两个出入口，基地东临漕溪路，北临横溪路，西临龙江南路，南临牛溪路。本项目位于示范区基地街区三的23号地，用地面积503.2平方米，整体基地呈南北狭长的方形体块（图4-2-2、图4-2-3）。

常州地区具有夏热冬冷气候区的典型气候特征，夏季炎热多雨，冬季阴寒湿冷。以2020年气象数据为例，常州1月平均温度0～7℃，7月平均温度25～32℃，全年平均湿度82%，年平均日照时间12.2小时；常州夏季盛行东南风，冬季盛行东北风，全年平均风速2.6米/秒，夏季最大风速24米/秒，夜

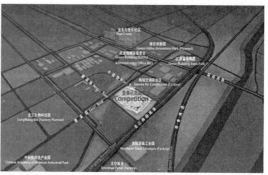

图4-2-1 用地区位

（图片来源：2018首届国际可持续（绿色）建筑设计竞赛官方资料）

间风速与白天相差不多，可以考虑在夏季采用适当的夜间通风设计策略。

本方案通过在办公楼外表皮营建一个微气候外壳，使建筑成为有生命、能呼吸的有机体。

图4-2-2　基地总平面图
（图片来源：2018首届国际可持续（绿色）建筑设计竞赛官方资料）

图4-2-3　鸟瞰图

4.2.2　设计策略

1．平面布局

根据常州地区的采光、日照以及通风条件进行分析，该地区建筑布置的最佳朝向为南偏西7.5°。夏季及过渡季主要为东南风和南风，冬季主导方向为西北风（图4-2-4）。

由于基地南北狭长，考虑日照与通风的需要，建筑呈南北纵深布局，南侧为建筑主入口，北侧为次入口，围绕建筑四周布置景观绿化（图4-2-5）。建筑主体色调以白色和木色为主，以此来体现南方建筑的婉约与轻盈，木材质与室内庭院植物交相呼应，使建筑有亲近自然的感觉。

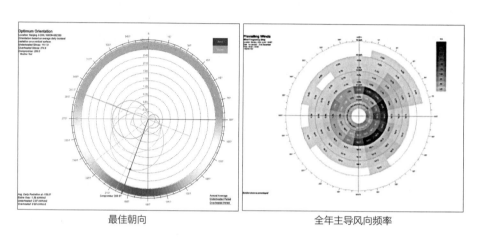

最佳朝向　　　　　　　　　　　　全年主导风向频率

图4-2-4　最佳朝向及主导风向

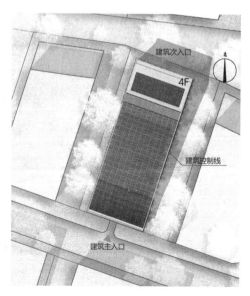

图4-2-5　总平面图

经济指标：

建筑面积854.68平方米

建筑占地面积284.91平方米

建筑密度56.6%

主体4层，建筑层高3.3米

容积率1.7

绿地率43%

建筑性质为办公建筑

主体结构采用钢结构

内部的办公空间呈阶梯状排布，将开放空间连通。在满足基本功能的基础上，建筑通过设置太阳能光电板、太阳能空气集热、地盘管新风系统等策略降低建筑碳排放，在此基础上建筑通过设置微气候外壳、动态复合表皮、渗滤型散水等策略进一步降低建筑能耗，实现绿色环保节能的设计策略（图4-2-6）。

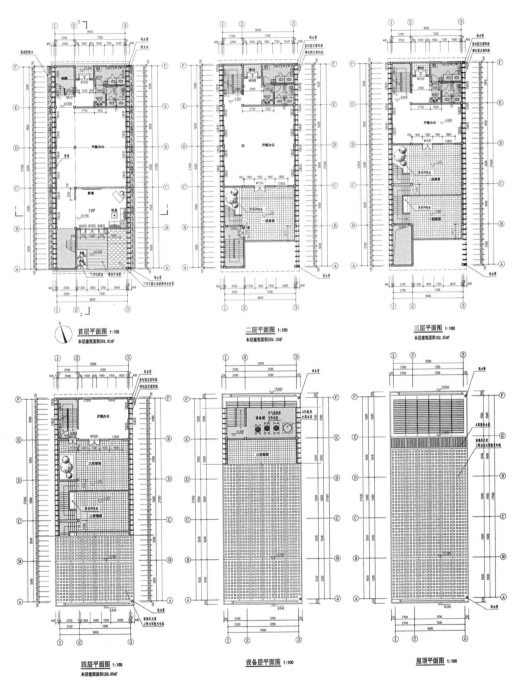

图4-2-6　建筑各层平面图

2．建筑形体

建筑的形体是综合考虑了自然通风、自然采光、被动式太阳能利用、雨水收集、太阳能光伏发电等技术的结果。由于基地狭长，建筑内部采用了北高南低的退台形体，较低形体朝向夏季主导风向，增大迎风面积，减少风影区，促进夏季的自然通风；较高体量则布置于北向，有助于冬季抵御冷风（图4-2-7）。

通过退台的形式来逐层减少建筑室内的进深，争取更多自然采光的同时可增强风压通风的效率，冬季也能使更多的太阳辐射被每层的半室外空间所利用，微气候外壳的屋面部分南坡长、北坡短，且南坡采用玻璃材质的透光性屋面，使更多的屋顶面积处在一个合适的角度来接受太阳辐射，利于主动与被动式的太阳能利用，同时也为内庭院与室内空间提供了自然采光（图4-2-8）。

① 盒子切割　② 形成退台　③ 叠加绿化　④ 微气候外壳 ⑤

图4-2-7　建筑形体生成

图4-2-8　透视图

3．立面形式

立面形式意向化了江浙地区传统手工制品"竹篾编纂"中的元素。横向遮阳板与纵向遮阳板模仿纵横交错的竹编，在满足功能需要的同时增加了立面的韵律感（图4-2-9、图4-2-10）。

建筑的立面形式是自然通风、综合遮阳、自然采光技术综合影响的结果。东西两个立面，采用了综合遮阳技术，使立面产生了"格构化"的面式布局模式，具有特殊的编织肌理感。

南立面主入口内退，利用建筑屋顶自遮阳，同时在南立面的檐口下方设置横向遮阳板，增加夏季对主入口处的遮阳效率。东、西立面的竖向遮阳板同样起到了增强室内通风的导风板作用。立面围护结构材料使用多层白色复合阳光板，使建筑透光率更好。屋面曲线呼应了中国传统建筑中的坡屋顶形式，表达了建筑的地域特征。

竹篾　　　　　简化　　　　　提取　　　　　生成立面

图4-2-9　表皮灵感来源

图4-2-10　建筑东立面

4．空间格局

建筑形体产生的屋顶花园空间，打通了办公空间与自然空间的联系，退台使屋顶花园与室内都增加了南向的采光。每层退台的出挑，为下一层办公空间形成了二次遮阳的廊下灰空间，进一步增加了夏季遮阳效率。

层层退台的屋顶院落空间为每层办公人员提供休憩、活动、交流之所，不同层的屋顶花园通过西侧直跑楼梯进行联系，可以在交通流线和视觉上产生交流。用这种形式来丰富建筑室内外的空间体验，也呼应了传统民居的院落形式（图4-2-11、图4-2-12）。

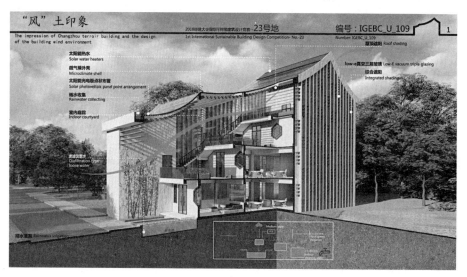

图4-2-11　剖透视

图4-2-12　剖面图

5．强化自然通风（捕风窗、双层屋面）

1）改善风压通风

东西立面设置的竖向遮阳板能起到导风的作用。通过CFD流体模拟分析软件Airpak进行模拟计算，对比未使用导风板和使用导风板之后1.5米处的一层平面（图4-2-13），在夏季，采用导风板后的室内风更加均匀且有序，风速较未采用之前有明显提高，同时在人员来往密集的主入口处风速也较使用之前有所降低，门厅室内的涡旋也消失，由模拟后的结果可知从采用导风板对室内通风、气流组织有明显的改善作用。在夏季，采用导风板后的室内风更加均匀且有序，风速较未采用之前有明显提高，同时在人员来往密集的主入口处风速也较使用之前有所降低，门厅室内的涡旋也消失，由模拟后的结果可知从采用导风板对室内通风、气流组织有明显的改善作用。

2）改善热压通风

花园屋面之上与坡屋面之下的空腔空间随着建筑逐层升高且逐层减小，形成类似喇叭形前大后小、下大上小的空间形式。坡屋面上表面太阳能光电板及太阳能热水器吸收太阳辐射后加热下表面空气温度，形成空气上升热压。气流由风压及热压协同作用，在文丘里效应下最终汇集在屋顶后方的可调节通风阀处，强化庭院空气的流通（图4-2-14、图4-2-15）。

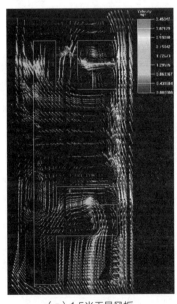

（a）1.5米无导风板　　　　　　　　　　　（b）1.5米有导风板

图4-2-13　风压作用下垂直导风板导风效果对比分析

图4-2-14　庭院热压通风示意

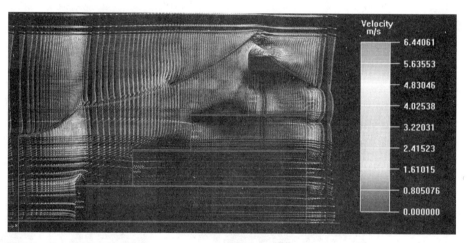

图4-2-15　庭院热压通风模拟

6．优化自然采光

　　基地南北狭长，建筑主要采光面为东西立面。自然采光的主要问题是窗口近处照度过强，而窗口远处照度过低，形成室内办公空间采光不均匀的状况。因此，采取增设遮光板的策略，遮光板上表面为高反射率的反光面，使窗口近处遮光，窗口远处通过反射光来补充，达到室内照度趋于均匀的目的（图4-2-16、图4-2-17）。

　　利用Grasshopper软件对冬季、夏季室内照度进行模拟分析。试验采用

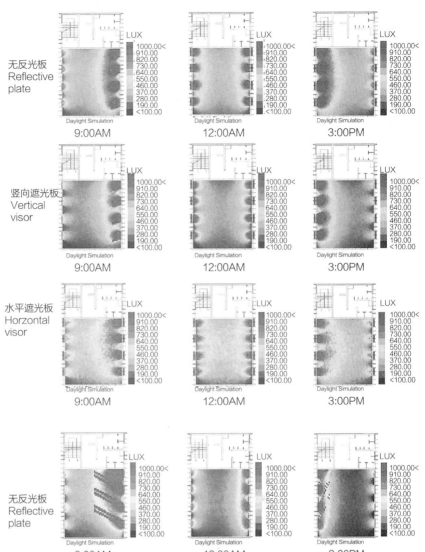

无反光板
Reflective plate

竖向遮光板
Vertical visor

水平遮光板
Horzontal visor

图4-2-16 夏至日遮光反射板对室内光环境的影响

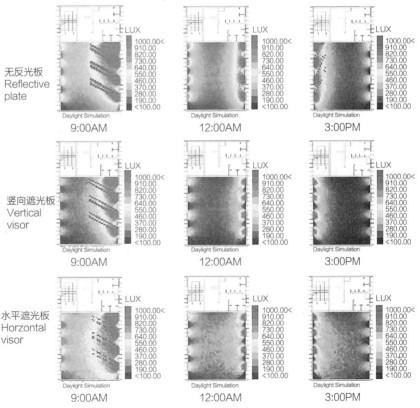

无反光板
Reflective plate

竖向遮光板
Vertical visor

水平遮光板
Horzontal visor

图4-2-17 冬至日遮光反射板对室内光环境的影响

无遮阳板、有横向反光板的综合遮阳与无横向反光板的综合遮阳三种方式进行对照模拟，可以看出遮阳板对室内光照太强的窗口处有降低光照强度的作用，且添加横向反光板时，室内中部空间的照度从没有增加反光板时的370勒克斯增加到了640勒克斯。说明综合遮阳对降低室内热辐射起到了一定的作用，同时利用反光板有利于提高室内照度，并使室内照度更加均匀。

7. 屋面做法

反宇向上的连续曲线坡屋面呼应了江南民居坡屋顶的形式。将传统坡屋顶形式抽象意化，简约、灵动的线型贴合了江南民居的婉约感，表达了建筑的地域特征。同时连续坡屋面也为本案的绿色技术实施提供了基础（图4-2-18）。

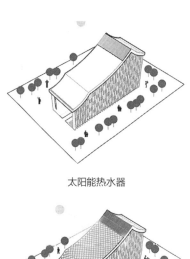

利用太阳能加热，以提供卫生间洗手池的热水。

太阳能热水器

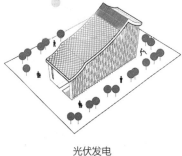

大部分屋面采用光伏发电，解决建筑的电能消耗与内部庭院的遮阳问题。

光伏发电

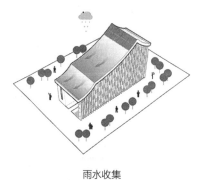

屋面南北用檐沟收集雨水至蓄水池，解决建筑内绿化在少降水季节的灌溉问题。

雨水收集

图4-2-18 坡屋面的绿色技术集成

屋面附加点状太阳能光电板的玻璃采光顶、太阳能热水器，可调节通风阀以及雨水沟。由于屋面南坡使用的材料为玻璃，所以在玻璃采光顶部分下方设置可调节棱形电动遮阳装置，在夏季遮挡阳光，冬季使屋顶下遮阳板角度与太阳直射角度平行，使建筑充分接收到太阳辐射，增加建筑室内得热，减少空调等主动设备的使用（图4-2-19）。

建筑整体采用白色为主色调，点缀木色室内外墙与遮阳构件。主要考虑夏季太阳辐射对建筑的影响，使用白色材质降低建筑对太阳辐射热的吸收，同时屋顶太阳能热水器下部屋面使用深色材质，增加集热效率的同时提高热压通风效率。

图4-2-19　庭院光环境分析

4.2.3　绿色技术集成

本案微气候外壳中绿色建筑技术汇总（图4-2-20）：

1. 强化自然通风（捕风窗、双层屋面、导风板）；

2. 强化自然采光（遮光板、反光板）；

3. 遮阳系统（可调节遮阳板）；

4. 太阳能光伏发电；

5. 太阳能热水集热器；

6. 空气源热泵；

7. Low-E中空玻璃；

8. 渗透性散水及透水铺装；

9. 立体绿化；

10. 雨水收集及节水型洁具；

11. 智能化能源管控系统及节能照明。

项目信息

"风"土印象：荣获2018首届绿建大会国际可持续（绿色）建筑设计竞赛优胜奖

设计团队：韦峰教授工作室

设计时间：2018年10月～2019年1月

目前该项目处于筹建阶段。

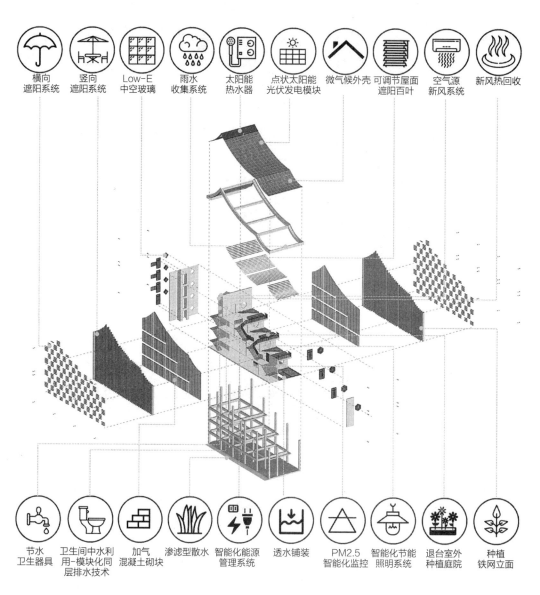

横向遮阳系统　竖向遮阳系统　Low-E中空玻璃　雨水收集系统　太阳能热水器　点状太阳能光伏发电模块　微气候外壳　可调节屋面遮阳百叶　空气源新风系统　新风热回收

节水卫生器具　卫生间中水利用-模块化同层排水技术　加气混凝土砌块　渗滤型散水　智能化能源管理系统　透水铺装　PM2.5智能化监控　智能化节能照明系统　退台室外种植庭院　种植铁网立面

图4-2-20 技术结构示意图

参考文献

论著

［1］刘抚英. 绿色建筑设计策略［M］. 北京：中国建筑工业出版社，2012.

［2］崔愷，刘恒. 绿色建筑设计导则［M］. 北京：中国建筑工业出版社，2021.

［3］住房和城乡建设部科技发展促进中心，西安建筑科技大学，西安交通大学. 绿色建筑的人文理念［M］. 北京：中国建筑工业出版社，2010.

［4］刘加平，谭良斌，何泉. 建筑创作中的节能设计［M］. 北京：中国建筑工业出版社，2009.

［5］刘加平，董靓，孙世钧. 绿色建筑概论（第二版）［M］. 北京：中国建筑工业出版社，2021.

［6］（法）多米尼克·高辛·米勒. 可持续发展的建筑和城市化——概念·技术·实例［M］. 邹红燕，邢晓春译. 北京：中国建筑工业出版社，2007.

［7］张明顺，吴川，张晓转等. 绿色建筑开发手册［M］. 北京：化学工业出版社，2014.

［8］罗钦平. 建筑声学案例集［M］. 北京：中国科学技术出版社，2015.

［9］中国城市科学研究会. 绿色建筑［M］. 北京：中国建筑工业出版社，2010.

［10］宋海林. 中国办公建筑绿色化研究［M］. 北京：中国建筑工业出版社，2013.

［11］王俊，王清勤. 国外既有建筑绿色改造标准和案例［M］. 北京：中国建筑工业出版社，2016.

［12］谭良斌，刘加平. 绿色建筑设计概论［M］. 北京：科学出版社，2021.

［13］陈宇. 建筑归来——旧建筑改造与再利用精品案例集［M］. 北京：人民交通出版社，2008.

［14］辛一峰. 建筑室内环境设计［M］. 北京：机械工业出版社，2007.

［15］宋德萱，赵秀玲. 节能建筑设计与技术［M］. 北京：中国建筑工业出版社，2015.12.

［16］徐燊. 太阳能建筑设计［M］. 北京：中国建筑工业出版社，2021.

［17］（法）G·Z·布朗，马克·德凯. 太阳辐射·风·自然光［M］. 北京：中国建筑工业出版社，2006.

［18］阿尔温德·克里尚，尼克·贝克，西莫斯·扬纳斯，S·V·索科洛伊. 建筑节能设计手册——气候与建筑［M］. 北京：中国建筑工业出版社，2004.

［19］林宪德. 绿色建筑［M］. 北京：中国建筑工业出版社，2007.

［20］汪芳. 查尔斯·柯里亚［M］. 北京：中国建筑工业出版社，2003.

［21］Ivor Richards, T.R.Hamzah & Yeang: Ecology of the sky, 2001.

［22］G.Z.Brown and Mark Dekay, SUN·WIND & LIGHT, ARCHITECTURAL DESIGN STRATEGIES, New York, JOHN WILEY & SONS, INC, 2001

［23］纪雁等. 可持续建筑设计实践［M］. 北京：中国建筑工业出版社，2006.

［24］《绿色建筑》教材编写组. 绿色建筑［M］. 北京：北京计划出版社，2008.

［25］林芳怡. 永续绿建筑［M］. 台北：台湾建筑导报杂志社，2002.

期刊论文

［1］南京中丹生态城绿色灯塔［J］. 动感（生态城市与绿色建筑），2016（3）：6.

［2］张炜. 夏热冬暖地区绿色示范建筑的实践运营分析——以深圳建科大楼为例［J］. 建筑技艺，2013（2）：86-93.

［3］温琳琳. 公共图书馆的社区文创服务——以桃园市立图书馆为例［J］. 新世纪图书馆，2016（11）：71-72+76.

［4］张杨，马越. 基于室内环境舒适度的图书馆建筑评价研究——以福州大学旗山校区图书馆为例［J］. 华中建筑，2020，38（5）：51-55.

［5］汪维，韩继红，刘景立，安宇. 集生态建筑技术大成——上海市生态建筑示范楼创新技术体系［J］. 建设科技，2004（21）：16-18.

［6］马睲箐. 从建筑类型学和建筑符号学角度解读苏州博物馆［J］. 建材与装饰，2018（3）：79-80.

［7］易灵洁，李欣. 塑形为光——金贝尔美术馆的摆线拱顶和光的设计［J］. 建筑师，2017（3）：59-66.

［8］格拉斯哥艺术学院里德大楼［J］. 建筑技艺，2017（6）：84-91.

［9］任军，王重，刘向阳. 超低能耗的绿色创意办公楼——天友绿色设计中心［J］. 建筑技艺，2015（12）：36-40.

［10］无样建筑工作室. 天赐新能源企业总部［J］. 建筑学报，2016（7）：36-40.

［11］刘津瑞．双重语境下同济大学建筑与城市规划学院C楼的U型玻璃［J］．中外建筑，2014（6）：174-175.

［12］邹超群，徐珍喜，张浩，兴炎．清华大学超低能耗示范楼信息集成系统与节能应用［J］．智能建筑，2006（11）：65-68.

［13］钊守丽，杨莉．从伦敦市政厅谈建筑的形态仿生设计［J］．科技视界，2015（3）：152.

［14］克里斯蒂安·霍尔曼，李菁译．案例研究：一个绿色图书馆，柏林自由大学文献学图书馆［J］．世界建筑，2013（3）：31-35.

［15］黄晶．厅堂建筑设计中音乐声学的应用［J］．沈阳建筑大学学报（社会科学版），2012，14（1）：26-31.

［16］张弦．当代万国城MOMA国际寓所，北京，中国［J］．世界建筑，2004（5）：40-41.

［17］李铮，程开，段然，武鼎鑫．传统与现代相融的绿色建筑——中衡设计集团研发中心［J］．建筑技艺，2016（7）：74-79.

［18］王兴田．取之自然，用之有道——中利电子总部设计［J］．建筑技艺，2018（8）：102-109.

［19］钱辰伟．台湾高雄太阳能体育场［J］．城市建筑，2010（11）：79-82.

［20］何健翔，蒋滢．万科松山湖住宅产业化研究基地集合宿舍［J］．建筑学报，2017（9）：12-18.

［21］时颜．"日晷"之下 法国国家太阳能研究所［J］．室内设计与装修，2015（5）：38-41.

［22］徐艳文．风能建筑的杰作——巴林世贸中心［J］．太阳能，2012（17）：50-51.

［23］陈怡，汤朝晖．基于场所认同与原型探索的中小学校园设计——以休宁双龙小学、北京四中本部校区及房山校区为例［J］．华中建筑，2018，36（4）：50-54.

［24］江宇翔，杜继予．浅谈美国克莱姆森大学李氏教学楼（Ⅲ期）中的绿色节能设计［J］．建筑技艺，2018（11）：105-107.

［25］袁镔．简单适用有效经济——山东交通学院图书馆生态设计策略回顾［J］．城市建筑，2007（4）：16-18.

［26］徐知兰．成都华林小学临时纸质校舍，成都，中国［J］．世界建筑，2014（10）：40-45.

［27］Tenio Architecture and Engineering Co., Ltd．天友绿色设计中心，天津，中国［J］．世界建筑，2019（4）：72-79.

［28］张通．清华大学环境能源楼——中意合作的生态示范性建筑［J］．建筑学报，2008（2）：34-39.

［29］栗德祥，周正楠．解读清华大学超低能耗示范楼［J］．建筑学报，2005（9）：16-17.

［30］王浪，陈凤娇．体验转型:深圳天虹总部大厦设计［J］．世界建筑，2019（4）：122-125.

［31］翟华维．世界太阳能建筑标志——中国太阳谷日月坛·"微排"大厦［J］．节能与环保，2010（6）：43-45.

［32］何镜堂，张利，倪阳．中国2010年上海世博会中国馆［J］．建筑学报，2009（6）：10-13.

［33］黄骏，林燕，王世晓．澳门气候区校园绿色建筑技术集成方法及其应用［J］．华南理工大学学报（自然科学版），2016，44（7）：123-129+146.

［34］OPEN Architecture．田园学校——北京四中房山校区，北京，中国［J］．世界建筑，2016（6）：50-57.

［35］Chad Oppenheim．迈阿密科尔大厦［J］．中国建筑装饰装修，2010（9）：122-127.

［36］张奕，施杰，柴锐．回应气候的绿色校园建构——基于被动式绿色理念的南京岱山初级中学设计［J］．建筑技艺，2019（1）：50-55.

［37］郭成林，赵金彦，臧海燕．中国第一栋"主动式建筑"理论指导下的建筑设计、施工、管理实践——威卢克斯（中国）办公楼［J］．建筑技艺，2015（12）：41-45.

［38］宋晔皓，陈晓娟．建筑与场地的可持续整合设计——以岳阳县三中风雨操场与北京旭辉零碳空间示范项目为例［J］．建筑技艺，2019（3）：51-57.

［39］方磊．绿色建筑实例分析——"科华数码广场"项目绿色建筑技术介绍［J］．建筑与文化，2009（9）：104-105.

［40］原创"实"践路上的同行者——记上海院湖南城陵矶综合保税区通关服务中心创作团队［J］．绿色建筑，2016，8（1）：8-11.

［41］郑瑾，赵学义，薛一冰．大学校园教学楼"烟囱"通风技术分析——以英国诺丁汉大学朱比丽校区教学楼群为例［J］．山东建筑大学学报，2009，24（2）：156-159.

［42］托马斯·奥伊尔，孙菁芬．适应气候及高能效的建筑［J］．建筑学报，2016（11）：113-118.

［43］庞波，郑雯雯，苏波．地域适宜和低能耗的可持续建筑设计——广西南宁生态环境科普教育馆项目建造实践［J］．建筑技艺，2019（4）：24-29.

［44］景泉，贾濛，杜书明．山水间筑园锦绣，如意处尽意天然——2019年北京世界园艺博览会中国馆营造记［J］．建筑技艺，2019（5）：8-19.

［45］郝林.未来超市的绿色独白——森斯伯瑞之英国格林尼治店评析［J］.世界建筑，2004（8）：60-63.

［46］王兴田.取之自然，用之有道——中利电子总部设计［J］.建筑技艺，2018（8）：102-109.

［47］崔彤.辉煌时代大厦［J］.建筑学报，2005（7）：61-64.

［48］拉胡尔·迈赫罗特拉，罗伯特·斯蒂芬斯，陈雨潇.KMC公司办公楼，海得拉巴，安得拉邦，印度［J］.世界建筑，2019（2）：76-79，123.

［49］王明，杨维菊.2010年上海世博会绿色建筑典型案例分析——以法国馆和阿尔萨斯馆为例建筑节能，2011，39（11）：30-33.

［50］杨经文.马来西亚Sasana Putrajaya综合大楼［J］.建筑技艺，2017（6）：78-83.

［51］Callebaut Vincent，马琴.陶朱隐园，台北，中国台湾［J］.建筑技艺，2016（7）：34-45.

［52］卢奇亚诺·皮亚，黄华青.绿宅25号，都灵，意大利［J］.世界建筑，2016（6）：82-89，126.

［53］Wang Dandan.中央公园一号，悉尼，澳大利亚［J］.世界建筑，2018（12）：54-59.

［54］孙兴凯，等.大型污染场地修复过程中的问题探讨与工程实践［J］.环境工程技术学报，2020.09：885-890.

［55］杨经文，马琴.新加坡启汇城Solaris大楼［J］.建筑技艺，2016（7）：26-33.

［56］王少健，王敏，胡姗姗，等.高层办公楼的绿色建筑技术应用评析——以深圳建科大楼为例［J］.四川建筑科学研究，2012，38（3）：280-285.

［57］王奕程，赵一平，许安江，等.长屋计划，德州，中国［J］.世界建筑，2019（1）：110-113.

［58］王宾.生态高层的经典之作——记法兰克福商业银行总部［J］.现代装饰（理论），2011（1）：1-3.

［59］吴寒.浅谈国内外垂直绿化差异——以阿尔萨斯馆与米兰垂直森林为例［J］.科技创新与生产力，2019.07：69-71+75.

［60］崔愷，景泉.2019中国北京世界园艺博览会中国馆，北京，中国［J］.世界建筑，2019（5）：110-111.

［61］王建国，韦峰.微气候外壳的环境效益［J］.建筑学报，2003（12）：63-66.

［62］冉茂宇，刘煜.生态建筑［M］.武汉：华中科技大学出版社，2008.

学位论文

［1］陈瑶．透明混凝土材料在建筑设计中的应用研究［D］．南京：南京大学，2011.

［2］黄中浩．建筑的半透明性研究［D］．大连：大连理工大学，2011.

［3］张荣冰．北方寒冷地区公共建筑形体被动式设计研究［D］．济南：山东建筑大学，2017.

［4］陈雪．深圳市办公建筑立体绿化设计研究［D］．成都：西南交通大学，2019.

［5］张文凯．北京高层办公建筑公共空间立体绿化设计研究［D］．北京：北京建筑大学，2020.

［6］李岳．珠三角地区办公建筑立体绿化设计研究［D］．广州：华南理工大学，2017.

［7］徐家兴．建筑立面垂直绿化设计手法初探［D］．重庆：重庆大学，2010.

［8］贺栋．郑州地区教学建筑绿色节能设计研究［D］．郑州：郑州大学，2012.

◇ 后记

　　绿色是一种态度，是人们善待环境的自觉导向，绿色建筑设计是一种策略，从中提取要素引导设计实践是时代的呼唤和要求。

　　双碳目标的提出和绿色建筑的实现是我们应对全球气候变化的责任担当，需要全社会的共同意识和合力推进。将宏观的愿景任务分解成系统的解决方案，将绿色策略和技术手段融入设计和创作的过程，把绿色要素有机整合，使之成为可供参考的方法，正是本书编写的目的所在。

　　感谢中国建筑出版传媒有限公司（中国建筑工业出版社）胡永旭副总编辑、李东禧主任、唐旭主任、吴绫主任、孙硕编辑对本套丛书的支持和帮助！感谢各位编辑对本书的耐心审稿与校对！

　　感谢郑州大学顾馥保教授、郑东军教授等对本套丛书编写工作的策划和组织！感谢参与丛书各分册编写的诸位老师之间的互相交流与协作。感谢相关参考文献的作者们和相关网站提供的资料。郑州大学建筑学院硕士研究生刘娇、李以翔、郭力铭、张婧雯、刘熙靖、曹航、段泽瑞、李瑞聪、靳贝贝、沈欣、赵家奇、杨笑然、韦金汐、韩韦吾、崔明辉、石峰、吕帅、李文娟、井源泉、李炙亳、于雷、郭路军、李清阳、付占涛、葛婷、高琼昱、郭丽媛、赵一帆等同学参与了案例收集与整理工作。

　　希望本书可以作为一个引子，激发更多同学和设计人员对于绿色建筑和可持续创新设计的兴趣。期待读者和同行广泛的交流和指正。

韦峰　陈伟莹